BIBLIOTHÈQUE DU *PROGRÈS AGRICOLE ET VITICOLE*

APPAREILS

PROPRES À COMBATTRE

LE MILDIOU

PAR

PAUL FERROUILLAT

PROFESSEUR DE GÉNIE RURAL A L'ÉCOLE D'AGRICULTURE DE GRIGNON

Extrait du livre sur « *Les Maladies de la Vigne*, par Pierre VIALA »

MONTPELLIER

AUX BUREAUX DU **Progrès Agricole et Viticole**
1, Rue Albisson, 1

1887

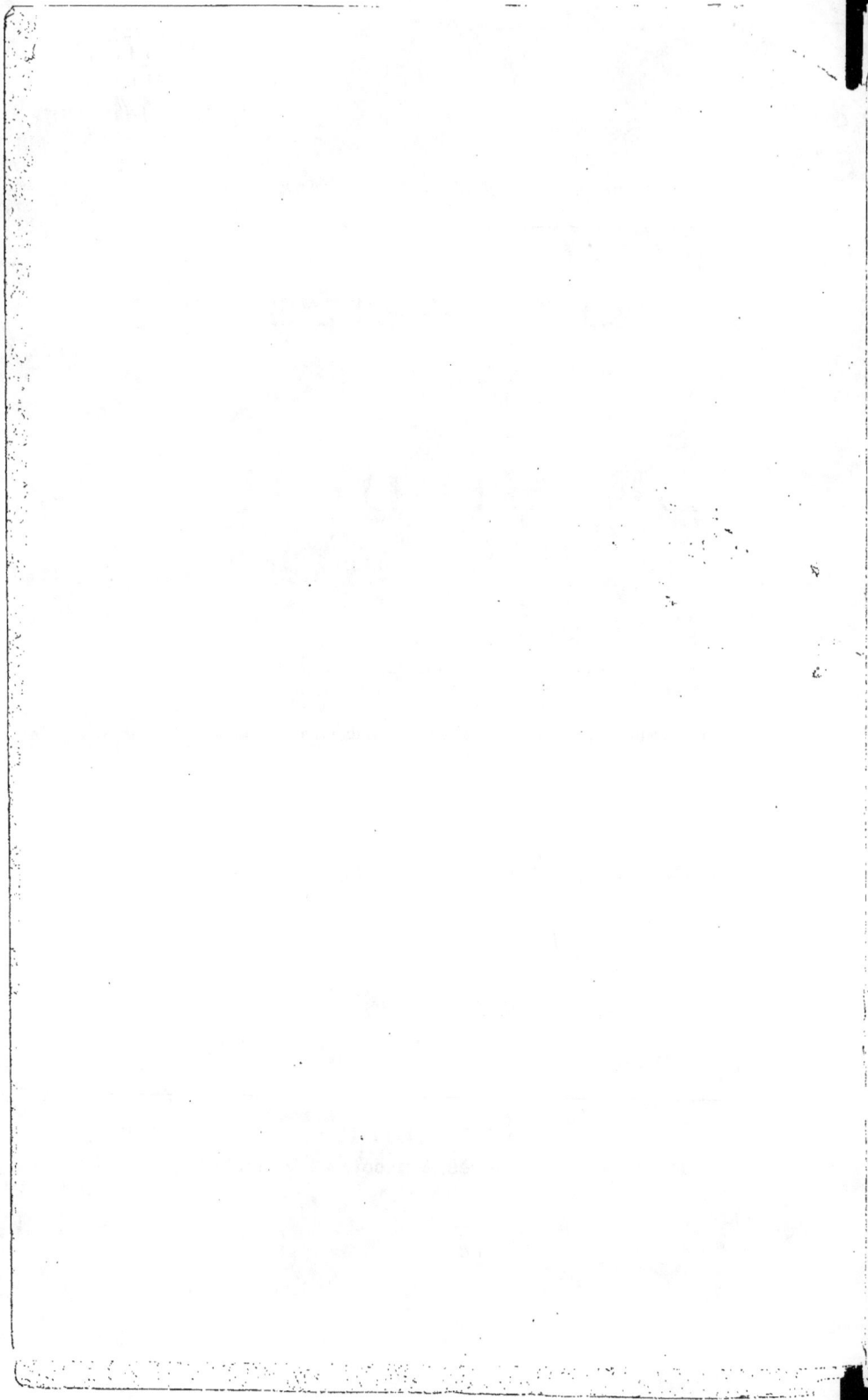

EXTRAIT DU *PROGRÈS AGRICOLE ET VITICOLE*

APPAREILS

PROPRES A COMBATTRE

LE MILDIOU

PAR

Paul FERROUILLAT

Professeur de Génie rural à l'École d'Agriculture de Grignon

MONTPELLIER

Aux Bureaux du **Progrès Agricole et Viticole**

1, Rue Albisson, 1

1887

APPAREILS PROPRES A COMBATTRE

LE MILDIOU

« Les seuls instruments dont on connût l'usage, il y a deux ans à peine, pour répandre les poudres sur les végétaux atteints de maladies parasitaires, étaient les boîtes à soufre et un certain nombre de soufflets inventés pour combattre l'Oïdium. Quant aux appareils capables de distribuer des liquides sur les plantes, ils n'existaient pour ainsi dire pas à cette époque. On se servait seulement, dans les serres, de pulvérisateurs semblables à ceux qui sont encore employés aujourd'hui dans les appartements, soit pour asperger les feuilles et les fleurs, soit pour projeter sur les plantes des liquides toxiques, en vue de les débarrasser d'insectes ou de cryptogames. L'emploi de ces pulvérisateurs était très restreint. Il n'était pas possible de les utiliser au traitement de surfaces étendues. Peu faciles à manœuvrer, opérant lentement, ils ne pouvaient être employés que dans les conditions que nous venons d'indiquer, pour assurer la conservation de plantes rares ou délicates.

En 1884, l'introduction en France du pulvérisateur de M. Riley vint apporter une modification profonde aux méthodes de diffusion des liquides connues jusqu'alors. Cet instrument, remarquable à la fois par sa simplicité et par l'efficacité des effets de pulvérisation qu'on en obtient, ne tarda pas à se répandre et à se substituer aux appareils précédemment employés. Depuis son apparition, plusieurs

BIBLIOGRAPHIE. — **Ch. Riley.** — *Fourth report of the united States entomological commission* (Washington, 1885, p. 191 et suiv.) — **Carlo Hugues.** — *La Peronospora viticola : Rimedi ed apparecchi* (Parenzo, 1886). — **Cerletti et Cuboni.** — *Istruzione per conoscere e combattere la peronospora della vite* (Annales agric. Rome, 1886). — **Articles divers** in *Journal d'agriculture pratique* ; in *Journal de l'agriculture* ; in *Progrè agricole et viticole* (1886).

constructeurs ont affirmé connaître de longue date le système de pulvérisation apporté d'Amérique par M. Riley. Nous ne prétendons pas juger ici cette question de priorité, soit en donnant gain de cause à ceux de nos constructeurs qui assurent s'être servis d'appareils du même genre depuis fort longtemps, soit en considérant M. Riley comme l'inventeur de ce pulvérisateur. Nous nous bornerons à faire remarquer que cet instrument n'a été employé d'une façon générale que du jour où M. Riley l'a importé chez nous, et que, depuis cette époque, il n'est connu en France que sous le nom de pulvérisateur Riley.

La constatation de l'efficacité des sels de cuivre dans le traitement du Mildiou a été le point de départ d'inventions nombreuses. En moins d'un an, on a pu voir apparaître une quantité prodigieuse d'instruments propres à les répandre sous leurs divers états. Il s'est produit un mouvement semblable à celui qui s'est manifesté dans la période d'engoûment pour les machines à greffer la vigne, peut-être plus accentué encore. Les machines destinées à l'épandage des poudres se sont perfectionnées. Mais ce sont surtout les machines à projection de liquides dont les progrès ont été les plus sensibles. En quelques mois, elles ont formé une classe d'instruments très complète, très variée et très intéressante à étudier.

Nous n'avons point la pensée de donner une description de tous les appareils qui ont vu le jour depuis deux ans. Nous désirons seulement classer ces machines, indiquer les avantages et les inconvénients de chaque catégorie, expliquer le fonctionnement des types les plus curieux et les plus utiles, et essayer de déduire de cette étude quelques enseignements pratiques.

Il existe deux classes principales d'appareils propres à combattre le Mildiou. Les uns sont destinés à répandre les poudres diverses à base de sulfate de cuivre ; les autres ont pour objet de distribuer, à la surface des feuilles, des liquides plus ou moins épais et pâteux, comme la *bouillie bordelaise*, le *lait de chaux*, ou des liquides parfaitement limpides, comme les *solutions simples de sulfate de cuivre*, l'*eau céleste*, etc.

Les premiers sont les mêmes que nous avons déjà décrits à propos des soufrages contre l'Oïdium (Pages 57 à 84). Nous n'ajouterons donc rien à cette étude, par cette raison que les avantages et les inconvénients que nous avons signalés dans l'emploi de ces machines avec le soufre subsistent dans leur emploi avec les poudres sulfatées.

Les seconds peuvent être divisés en deux catégories : ceux qui projettent les liquides de façon à asperger les feuilles, à les couvrir de gouttes plus ou moins larges et épaisses ; et ceux qui pulvérisent les liquides, de manière à envelopper toute la souche d'une fine poussière semblable à un brouillard.

L'application du lait de chaux n'exige pas une pulvérisation parfaite : il faut, comme on l'a dit plus haut, que le liquide déposé sur les feuilles y forme une couche continue et uniforme. Il n'en est pas de même pour la bouillie bordelaise et pour l'eau céleste, qui se montrent d'autant plus efficaces que la division est plus complète, que les gouttelettes répandues sont plus nombreuses, tout en restant rapprochées. Des traces de liquide devraient recouvrir tous les points de la surface de chaque feuille. Il est donc nécessaire d'en obtenir une très fine pulvérisation.

a. **Appareils répandant les liquides par aspersion.** — Ces appareils, construits surtout pour l'épandage des liquides pâteux, ne font généralement pas un bon travail de division. Le liquide qu'ils projettent ne se répand pas uniformément sur toute la surface des feuilles. Il y arrive sous forme de grosses gouttes épaisses, qui empâtent les parties qu'elles atteignent, mais qui peuvent laisser des étendues assez grandes non traitées, si l'opération est menée trop rapidement.

Ils conviennent pourtant dans le traitement des vignes par le lait de chaux, où le but à atteindre est précisément de laisser sur les feuilles un dépôt épais et continu de chaux. Les résultats qu'ils donnent avec la bouillie bordelaise sont, croyons-nous, insuffisants, et tout à fait mauvais avec les liquides clairs. La dépense de liquide est considérable et l'opération longue.

Mais les instruments qui forment cette première catégorie sont tous simples, peu sujets aux engorgements et
susceptibles de fonctionner avec les mélanges les plus
épais. Ils sont, en général, peu coûteux, ce qui explique la
faveur relative dont ils ont joui, pendant un certain temps,
dans les régions où les vignes ont été traitées à la bouillie
bordelaise.

BALAI DE BRUYÈRE. — Le balai de bruyère est le premier
instrument dont on se soit servi dans le Bordelais pour
l'épandage de la bouillie. C'est un simple balai de 40 à 50
centimètres de longueur au maximum, formé de brindilles
de bruyère liées ensemble à une de leurs extrémités. La
partie liée atteint un diamètre de 6 à 8 centimètres environ.
Le mélange à répandre étant versé dans des pots ou des
seaux de 8 à 10 litres, des ouvriers tiennent ces récipients
de la main gauche et aspergent les vignes avec les balais,
qu'ils trempent dans le mélange, en ayant soin de le remuer
pour empêcher le dépôt de la chaux, et qu'ils secouent de la
main droite au-dessus de chaque souche. On conçoit que
l'épandage ne peut pas être bien fait. La manœuvre est
longue et le liquide gaspillé. Malgré cela, beaucoup de viti-
culteurs ont fait usage cette année de ce procédé, et ne
veulent pas en employer d'autre, tant qu'ils répandront de
la bouillie. L'instrument est d'une simplicité qui séduit. Les
ouvriers confectionnent eux-mêmes ces balais et les rempla-
cent, après usure. C'est de semblables balais qu'a fait usage
M. Jouet dans les vignobles de Château-Langoa. Le traitement de 1885, fait avec un mélange de 25 kilos de sulfate
de cuivre et de 25 kilos de chaux pour 225 litres d'eau, lui
est revenu à 80 francs l'hectare.

APPAREILS CAZENAVE. — Le premier instrument construit
par M. Cazenave, de la Réole (Gironde), pour répandre la
bouillie, se composait d'un récipient C, d'une contenance de
4 à 5 litres environ, fermé par un couvercle A, que l'ouvrier
portait au-devant de lui, à l'aide d'une courroie B, qu'il
passait à son cou (Fig. 65). Dans ce récipient était versée
la bouillie. Dans un tambour T, placé au-dessous et un peu
en avant du réservoir, pouvait tourner rapidement une

brosse circulaire élastique, dite *goupillon* L. Ce tambour
était ouvert en avant. Un tube à robinet R faisait communiquer le réservoir et le tambour, et permettait de régler
l'écoulement du mélange. Le goupillon, en tournant dans
le tambour, se chargeait de liquide. Puis ses poils venaient
butter contre un arrêt placé à l'ouverture du tambour, flé-
chissaient, et en se détendant projetaient la bouillie sous
forme de gouttelettes J, à une certaine distance. L'ouvrier
faisait tourner la brosse de la main droite, à l'aide d'une
manivelle qui actionnait une paire d'engrenages E, destinée à communiquer au balai circulaire une grande vitesse.
De la main gauche, il maintenait l'appareil et le dirigeait
au moyen d'un manche adapté sur le côté du récipient

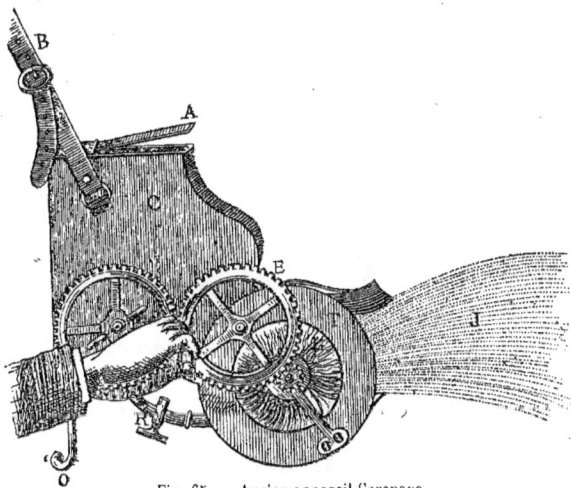

Fig. 65. — Ancien appareil Cazenave.

opposé à celui des engrenages. Dans l'intérieur du réservoir une autre brosse circulaire, commandée par une
roue dentée, avait pour fonction de maintenir la chaux
en suspension et de conserver à la bouillie une composition
homogène.

L'appareil vide pesait six kilos. D'après M. Millardet (1),

(1) *Journal d'agr. prat.*, N° 13 — 1886.

un homme , avec cet instrument, pouvait marcher à la vitesse de 1 kilomètre à l'heure en traitant la vigne d'une façon satisfaisante. Il fallait, pour le traitement d'un hec) tare de vignes en cordons, une à deux journées. Cet instrument en cuivre, solide, peu sujet aux dérangements, a pu rendre quelques services. Mais son prix assez élevé (50 fr.) a déterminé sans doute M. Cazenave à lui substituer l'appareil plus simple qu'il vend aujourd'hui.

Ce second instrument, du prix de 20 francs seulement, ne porte plus ni réservoir, ni tuyau, ni robinet, ni engrenages. Il est formé d'une simple caisse circulaire en cuivre A, que l'ouvrier suspend à son cou au moyen d'une courroie B (Fig. 66). La partie postérieure de la caisse est en forme de gouttière, de façon à s'appliquer exactement sur la région inférieure de la poitrine. Dans la caisse, ouverte sur le devant, tourne une brosse circulaire D, formée de poils longs et souples, qui plongent constamment dans le mélange à répandre, dont le fond de la caisse est plein. La brosse est portée par un petit arbre, qui reçoit directement son mouvement de rotation d'une manivelle M, que l'ouvrier manœuvre de la main droite, tandis que, de la main gauche, il maintient et dirige l'appareil, à l'aide d'un manche fixé latéralement contre la paroi de la caisse N. Les poils de ce goupillon se détendent, après s'être courbés au contact d'un arrêt E, ménagé près de l'ouverture de la boîte, et projettent en avant le liquide dont ils étaient chargés.

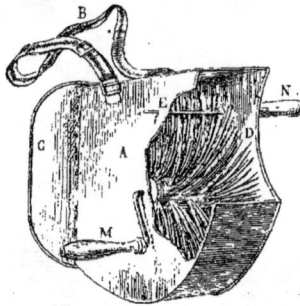

Fig. 66. — Nouvel appareil Cazenave.

Cet appareil n'a pour lui que sa simplité et sa légéreté Il n'est pas d'un emploi commode, ne contient pas assez de liquide, et réclame de fréquents remplissages. La brosse ne paraît pas très solide. Le travail fait par cet instrument est mauvais. La division du liquide est tout à fait insuffisante. Le mouvement de rotation du goupillon n'est pas assez rapide. La force de projection est trop faible. Une partie du liquide tombe aux pieds de l'ouvrier, sans profit pour la vigne.

APPAREIL JAPY. — La machine, construite par M. Japy, pour projeter les liquides, a beaucoup d'analogie avec celle dont nous avons donné la description dans notre étude des machines à soufrer. Cet appareil est, du reste, à deux fins, et peut servir soit pour les liquides, soit pour les poudres, avec quelques changements faciles à faire. Il se compose (Fig. 67) d'un balai circulaire, tournant avec une grande vitesse dans une espèce de tambour, ouvert sur le devant.

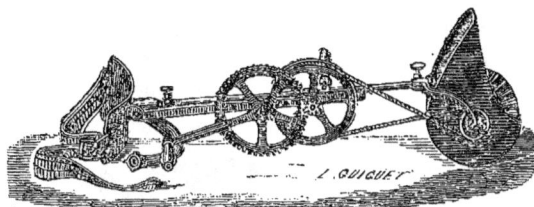

Fig. 67. — Machine Japy.

La commande est faite par une courroie qui passe sur des poulies à gorge. Une paire d'engrenages, actionnée par une manivelle, multiplie la vitesse. Le tout est porté par un long bras, qui vient s'articuler à une ceinture.

Le liquide est contenu dans un réservoir, en forme de hotte, que l'ouvrier porte sur son dos. Ce récipient a une forme convenable pour s'appliquer exactement sur le dos de l'opérateur, où il est retenu par deux bretelles. Il contient environ 12 litres de liquide, et pèse vide 4 kilos. Cette hotte est percée à la partie supérieure d'une ouverture, de 10 centimètres de diamètre, fermée par un couvercle qui sert au remplissage. Un tamis, à mailles fines, garnit l'ouverture, et prévient l'introduction dans le récipient de corps étrangers, susceptibles de gêner le fonctionnement de l'appareil. Au fond du réservoir s'adapte un tube en caoutchouc, qui relie la hotte au tambour du balai distributeur. Un robinet permet de régler le débit du liquide.

Pour empêcher, dans le fond du récipient, le dépôt de la chaux, lorsqu'il est fait usage de la bouillie bordelaise, un agitateur sert à remuer le liquide de temps en temps. C'est une longue palette, mobile autour d'un axe placé à la partie supérieure de la hotte. Un levier, muni d'une corde, est fixé à la palette. En tirant sur la corde, on met en mouvement la palette dont l'extrêmité libre balaie le fond de la hotte. Un ressort antagoniste la ramène à sa première position.

Pour se servir de cet appareil, l'ouvrier, après avoir rempli la hotte, la place sur son dos, comme un sac de soldat. Il fixe ensuite à sa ceinture le distributeur, et réunit les deux pièces par le tube en caoutchouc. Après avoir ouvert convenablement le robinet, il maintient et dirige le distributeur de la main gauche, tandis que, de la main droite, il fait tourner le balai (Fig. 68). De temps en temps, il tire de la main gauche la corde de l'agitateur, pour répandre toujours un liquide de composition homogène.

Fig. 68. — Ouvrier armé de la machine Japy.

Le liquide qui sort du tube est distribué en lame sur la périphérie du balai. Il pénètre entre les poils ou les crins de chiendent qui la forment, et cette pénétration suffit pour opérer la division de la matière. Le liquide est projeté tangentiellement, à une assez grande distance, en un brouillard plus ou moins épais.

S'agit-il de transformer l'appareil pour lui faire distribuer des poudres, on supprime la hotte, on remplace le tambour du balai par un nouveau tambour surmonté d'une trémie (Fig. 42), on place une courroie supplémentaire pour la commande de l'agitateur, mobile dans le fond de la trémie, et la machine est prête à fonctionner.

Le sens de rotation du balai est différent dans les deux cas. La courroie qui l'actionne est par suite droite pour l'épandage des poudres, croisée pour la projection des liquides.

L'appareil de M. Japy est rustique, peu délicat, peu exposé aux engorgements, même avec les liquides les plus pâteux. On peut, avec lui, traiter environ 2 hectares par jour, avec une dépense de 400 litres de liquide par hectare. Mais la projection du liquide est irrégulière, et, à notre avis, la division insuffisante pour la bouillie bordelaise ou l'eau céleste. Les gouttes de liquide sont trop larges. En outre la manœuvre de l'appareil est fatigante, pour les raisons qui ont déjà été données, et la fixation du distributeur à la ceinture de l'ouvrier rend difficiles les changements de direction qu'on cherche à lui imprimer pour atteindre toutes les parties des ceps. Le prix de l'appareil complet est de 27 francs.

Appareils Boyé. — Sous la dénomination de *Calceur Boyé*, M. Boyé a fait construire un projecteur de liquides pâteux, qui se compose d'un récipient contenant 5 litres, surmonté d'une anse à poignée. Au fond s'ouvre un orifice, de 1 centimètre carré de section, qui peut être plus ou moins fermé à l'aide d'un obturateur, fixé à une tige que peut manœuvrer la main qui tient la poignée de l'instrument. Lorsqu'on soulève cette tige d'une certaine quantité, on démasque l'ouverture. Le liquide du récipient la traverse, et tombe sur une série d'ailettes en cuivre, disposées horizontalement, en éventail, immédiatement au-dessous de l'orifice. Si l'ouvrier qui porte l'appareil, lui imprime alors un mouvement de rotation alternatif un peu rapide, le liquide est projeté par les ailettes et peut se répandre à une assez grande distance.

On remplit l'appareil par le bas, en ouvrant complétement l'orifice du fond du récipient, et en le plongeant dans un vase plein de liquide.

Cette machine est simple, solide et d'un prix relativement peu élevé (10 fr. en fer-blanc ; 15 fr. en cuivre). Par suite des mouvements continuels qu'on imprime au récipient, elle projette un liquide de composition parfaitement homogène. Mais le travail d'épandage n'est pas satisfaisant. La division du liquide est insuffisante. Comme, d'autre part, on ne peut diriger le liquide sur un point déterminé, on en perd de grandes quantités. La faible capacité du réservoir demande en outre de fréquents remplissages, et entraine des pertes de temps considérables. Enfin il est nécessaire d'opérer au-dessus des ceps. L'appareil ne pourrait donc pas être employé au traitement des vignes échalassées.

M. Boyé a imaginé un second appareil, plus volumineux que le premier, qui se manœuvre d'une façon un peu différente. C'est un récipient qui se place sur la poitrine de l'ouvrier. Les lames d'éventail, fixes dans le petit modèle, sont montées, dans le grand, sur un axe vertical mobile, actionné par une manivelle. Pour projeter le liquide, au lieu d'imprimer un mouvement à la boite par la rotation du poignet, on agite les ailettes par l'intermédiaire de la manivelle. Le travail ne doit pas être mieux fait. Mais la manœuvre doit assurément être plus fatigante.

APPAREIL BERTRAND. — M. Bertrand a imaginé et mis en vente, sous le nom d'*Aspersoir badigeonneur*, un appareil composé d'une hotte-réservoir, dans laquelle on introduit le liquide à projeter. Dans ce récipient sont suspendues verticalement des palettes, solidaires les unes des autres, attachées, d'une part, à une chainette qui permet à l'ouvrier de les attirer d'un côté du réservoir, et reliées, d'autre part, à un ressort antagoniste, qui les ramène du côté opposé, lorsqu'on cesse d'agir sur la chainette. Au fond du réservoir s'adapte un tube, qui met la hotte en communication avec l'intérieur d'un pinceau ou d'un balai de crins, fixé à son extrémité libre. Un robinet règle le débit. Lorsque le robinet est ouvert, le liquide s'engage dans le tube et vient alimenter le balai. Il suffit alors à l'ouvrier de l'agiter de la main droite, pour répandre le liquide à la surface des feuilles. De la main gauche, il manœuvre l'agitateur.

Cet appareil a pour but de simplifier le travail fait avec le balai de bruyère. Il n'est plus besoin de porter un seau à la main, ni d'y tremper constamment le balai. La hotte, fixée sur le dos de l'ouvrier, remplace le seau, et le balai reçoit le liquide du réservoir, sans qu'il soit nécessaire d'interrompre le travail d'aspersion. Cette machine vaut, en cuivre, 35 fr.; en tôle plombée, 28 francs. Les services qu'elle peut rendre ne nous semblent pas en rapport avec son prix élevé. Le travail n'est évidemment pas mieux fait qu'avec le balai ordinaire. Il ne doit pas être beaucoup plus rapide.

b. **Appareils pulvérisateurs**. — Les pulvérisateurs ont pour but, non plus de répandre les liquides sous forme de gouttelettes plus ou moins larges, comme les appareils précédents, mais de produire une division des liquides assez parfaite pour que ceux-ci arrivent au contact des plantes en fin nuage ou sous forme de brouillard. On conçoit sans peine que la division étant ainsi portée à son maximum, il n'est plus besoin de faire usage de grandes quantités de liquide. Et, en même temps, on est certain d'atteindre tous les points de la surface des feuilles de la vigne.

Pendant un certain temps, on a cru que ces appareils ne pouvaient donner de bons résultats qu'avec des liquides d'une limpidité parfaite, et leur emploi se trouvait conséquemment limité à la pulvérisation du sulfate de cuivre en solution dans l'eau (on ne connaissait pas encore l'eau céleste). Peu à peu, grâce à des perfectionnements de détail, on est parvenu à les rendre capables de bien fonctionner avec la bouillie bordelaise et même avec le lait de chaux, et ce sont actuellement les meilleurs appareils pour le traitement du Mildiou par n'importe quel procédé.

Toutes ces machines comprennent : 1° un réservoir de liquide ; 2° un pulvérisateur ; 3° une pompe ou un appareil à compression quelconque, destiné à transmettre au liquide, directement, ou par l'intermédiaire de l'air, la pression nécessaire pour qu'il traverse le pulvérisateur en se divisant. Ces organes sont généralement en cuivre, pour mieux résister à l'action corrosive du sulfate de cuivre.

Les réservoirs à liquide sont à section circulaire, ou à section elliptique. Ils sont la plupart du temps portés sur le dos, en guise de hottes. Pour que la fatigue qui résulte de cette charge soit aussi petite que possible pour l'opérateur, il est essentiel que le réservoir soit aplati, qu'il occupe en largeur toute la surface du dos de l'ouvrier et qu'il n'ait qu'une faible épaisseur. Dans ces conditions, en effet, le poids du récipient et du liquide contenu agit à l'extrémité d'un bras de levier très petit. La longueur de ce bras de levier augmente au fur et à mesure que l'épaisseur de la hotte croît elle-même, et le transport du liquide devient de plus en plus pénible. A ce point de vue-là les réservoirs cylindriques sont mauvais, et on doit leur préférer ceux qui, à égalité de hauteur et de capacité, offrent une épaisseur moindre que leur largeur.

Si l'appareil est destiné à répandre la bouillie bordelaise ou le lait de chaux, il est indispensable que le réservoir contienne un malaxeur ou un agitateur, qui conserve à la matière une composition homogène, pendant toute la durée du traitement, en empêchant des dépôts de se former dans le fond des récipients et d'obstruer les pompes et les pulvérisateurs. Nous examinerons en détail leur construction et leurs dispositions les plus intéressantes, en donnant la description des appareils complets.

Les pulvérisateurs, c'est-à-dire les organes dans lesquels s'opère la division du liquide, sont presque tous construits suivant quatre types seulement :

Le premier groupe comprend tous les pulvérisateurs dans lesquels la division du liquide est obtenue par le mélange sous pression d'une certaine quantité d'air et d'une certaine quantité de liquide. Ces pulvérisateurs sont les premiers qu'on ait construits pour la vigne, parce que ce sont eux qui servaient déjà pour l'arrosage des plantes de serre ou des plantes d'appartement, et qui étaient également employés à la diffusion des parfums. Le mélange de l'air et du liquide s'opère, en général, à la sortie du liquide des appareils, au moyen de deux ajutages concentriques, ou s'ouvrant à 90 degrés l'un au devant de l'autre, et livrant passage l'un à l'air, l'autre au liquide.

Ces pulvérisateurs sont peu sujets aux engorgements et

fonctionnent avec des liquides épais d'une façon satisfaisante. Il sont simples et faciles à entretenir. Mais ils ne donnent pas une division du liquide suffisante. De plus, le brouillard qu'ils forment n'est pas assez étendu, et n'embrasse pas un espace assez grand.

Au second groupe appartiennent tous les appareils construits sur le principe du *pulvérisateur Riley*. Ce pulvérisateur, représenté, en coupe et en plan, par la figure 69, se compose d'une boîte cylindrique en bronze, de un centimètre de diamètre intérieur, fermée à sa partie supérieure par un bouchon B, de même métal, à vis. Un tuyau, en caoutchouc, amenant le liquide, vient se placer sur la tétine D, et débouche dans la boîte par un orifice A, qui s'ouvre tangentiellement à la paroi intérieure de la boîte. Dans le bouchon, et au centre, est percée une ouverture de 1 millim. à 1,5 millim. de diamètre, qui d'abord cylindrique s'évase vers le dehors en forme d'entonnoir F.

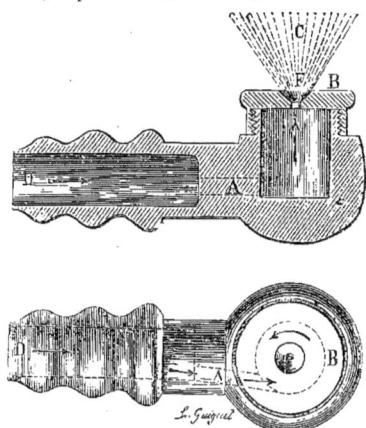

Fig. 69. — Pulvérisateur Riley.

Lorsque le liquide arrive sous pression, par le tuyau D, dans l'intérieur de la boîte, il prend un mouvement de giration rapide dans le sens indiqué par les flèches, et sort par l'ouverture centrale du bouchon, en formant une sorte de tulipe tournante C, dont les bords finissent par se séparer en une poussière liquide.

Cet appareil est extrêmement simple et facile à entretenir. Il fonctionne parfaitement avec les liquides clairs. Mais on a éprouvé quelques difficultés, lorsqu'on a voulu l'appliquer à la pulvérisation des liquides épais. L'orifice central du bouchon ne tardait pas à s'obstruer, et il fallait pour le dégager dévisser le bouchon, nettoyer la boîte et tout remettre en place. Mais, en admettant même qu'il ne se produisît pas d'engorgement, ce pulvérisateur ne donnait plus d'aussi bons résultats avec les liquides pâteux, par suite de la difficulté qu'éprouvaient les particules solides, mélangées à la solution de sulfate de cuivre, à traverser cet orifice de petit diamètre. Nous verrons quelles ont été les dispositions ingénieuses adoptées par les constructeurs pour remédier à ce grave inconvénient.

Dans le troisième groupe se rangent les appareils dans lesquels on produit la pulvérisation en amenant le liquide sous pression, à travers un orifice de petit diamètre, obliquement au contact d'une palette métallique en forme d'éventail, ou normalement sur la surface latérale d'un cône métallique, dont le sommet est dirigé vers le centre de l'orifice de sortie. Le liquide, en rencontrant ces parois résistantes, se brise, se divise, et se répand au loin en fin nuage, sous forme d'un éventail, ou sous forme d'une nappe conique, suivant la disposition adoptée pour le brise-jet.

Le type de ces pulvérisateurs est l'ajutage connu sous le nom de *jet Raveneau*. Avant de servir à la pulvérisation des liquides anticryptogamiques, il était employé pour l'arrosage des jardins, à la place des pommes d'arrosoir. Il se compose simplement d'un bouchon creux, à orifice de petit

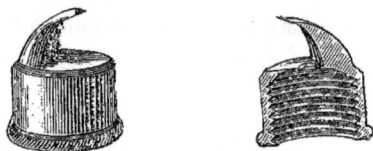

Fig. 70. — Jet Vigouroux (en perspective et en coupe).

diamètre, au-devant duquel est placée obliquement une palette métallique légèrement concave. Le liquide, en arrivant au contact de cette palette, se répand en nappe, dont les bords se séparent en fine poussière. Pour que la pulvérisation soit parfaite, il faut que l'orifice n'ait qu'un ou deux millimètres de diamètre, et que le liquide soit sous pression. Elle dépend aussi de la forme de la lame brise-jet. Les dimensions et la concavité de cette lame ont une influence marquée sur l'étendue de la nappe liquide. La figure 70 montre l'ajutage Vigouroux, genre Raveneau.

Comme le pulvérisateur Riley, le jet Raveneau a cessé de donner des résultats satisfaisants, quand il s'est agi de répandre des liquides épais. Mais en agrandissant le diamètre de l'orifice et en munissant l'ajutage de dégorgeoirs, sur la disposition desquels nous aurons l'occasion de revenir, on est parvenu à faire de cet appareil un des pulvérisateurs les plus parfaits : à la fois simple, peu sujet aux obstructions, et très efficace.

Enfin la pulvérisation peut être obtenue par le simple passage du liquide sous pression à travers un orifice de petite dimension, dont la forme varie suivant celle de la nappe liquide que l'on veut produire. Lorsque le liquide doit être pulvérisé en éventail, l'orifice a une forme elliptique ; circulaire, si le liquide doit se répandre en forme de parasol. La dimension de l'orifice varie également, suivant que le liquide qui doit le traverser est épais ou limpide. Afin que l'appareil puisse servir dans tous les cas, le pulvérisateur est formé d'une plaque dans laquelle sont percés plusieurs de ces orifices, de formes et de dimensions variables ; cette plaque glisse au devant de l'ajutage par lequel sort le liquide. On amène l'orifice convenable dans l'axe de l'ajutage, et on obtient ainsi telle pulvérisation que l'on désire.

Ces appareils, de construction italienne, sont simples, assez commodes, et solides. Mais ils ne donnent pas une bonne pulvérisation. Le liquide est répandu en petites gouttelettes plutôt qu'il n'est projeté en fine poussière. Ils sont loin de donner les bons résultats des pulvérisateurs du genre Riley ou du genre Raveneau.

Tous les pulvérisateurs, quels qu'ils soient, doivent répandre les liquides sur la face supérieure des feuilles. Ils peuvent traiter, à chaque voyage entre deux rangées de vignes, soit un seul rang de ceps, soit deux ou plusieurs rangs, suivant la forme du pulvérisateur, la puissance de la pompe, et le mode de plantation et de conduite de la vigne adoptés.

Quant à la pression qu'il est nécessaire de donner au liquide pour amener sa pulvérisation, elle est produite par des pompes de diverses formes agissant directement sur le liquide,

par des pompes à air, comprimant de l'air au-dessus du liquide, par des soufflets ou par des poires en caoutchouc, enfin par des combinaisons chimiques donnant lieu à des dégagements gazeux en vase clos.

Nous ne nous occuperons pas pour l'instant de ces derniers systèmes, peu répandus et appliqués seulement à un petit nombre d'appareils. Nous y reviendrons à propos de ces pulvérisateurs. Pour ce qui est des pompes à liquide et des pompes à air, la question se pose de savoir auxquelles il convient d'attribuer la première place.

Les pompes à liquide sont généralement plus simples, plus faciles à entretenir, moins délicates que les autres. Mais les organes se détériorent assez rapidement au contact du sulfate de cuivre. Les pièces métalliques s'oxydent, les clapets et soupapes cessent de bien fonctionner, et des réparations sont bientôt nécessaires. Cependant l'emploi de garnitures en caoutchouc, la substitution des soupapes à boulet en caoutchouc aux soupapes métalliques à ailettes ont été d'heureuses améliorations apportées à la construction de ces pompes. La pression ne s'exerçant que sur les parois du corps de pompe, sur celles de la boîte à air (s'il y en a une) et sur les tuyaux abducteurs, il n'est pas nécessaire de donner une grande épaisseur à la paroi des réservoirs à liquide, ni d'assurer leur fermeture hermétique. Ces pompes sont presque indispensables lorsque la pulvérisation doit se faire dans un appareil Riley. L'expérience nous a appris que la pression obtenue avec une pompe à air était en général insuffisante pour produire une pulvérisation satisfaisante et une nappe étendue.

Les pompes à air sont plus délicates et exigent une construction plus soignée que les premières. Il est de toute nécessité d'éviter les fuites, tant au pourtour du piston que sur le siège des soupapes ou des clapets. Les garnitures doivent être parfaites et bien entretenues. Les soupapes à boulet en caoutchouc donnent de bons résultats. Les soupapes en métal doivent être tournées avec soin et leurs sièges bien alésés. Ces pompes, n'étant pas en contact avec le liquide, sont moins sujettes à l'oxydation. Elles sont plus durables : la compression de l'air se faisant dans le réservoir à liquide, ses parois doivent être assez épaisses pour résister à la pression qui s'exerce sur elles. Une épaisseur insuffisante pourrait donner lieu à des accidents si, sous l'effet d'un excès de pression, le réservoir venait à éclater. Les réservoirs doivent être rigoureusement étanches, et les fermetures hermétiques. Ces deux conditions sont peut-être les plus difficiles à remplir. Il existe cependant nombre d'appareils bien construits qui satisfont à ce *desideratum*. Ces pompes donnent une pression insuffisante en général pour le bon fonctionnement des pulvérisateurs du genre Riley. Les résultats sont très satisfaisants avec ceux du genre Raveneau. La manœuvre des pompes à air est la plupart du temps moins pénible que celle des pompes à liquide, parce qu'elle peut être intermittente.

Ce parallèle entre les deux systèmes de pompes établit une compensation à peu près exacte entre les avantages et les inconvénients de chacun d'eux. On nous permettra de ne pas trancher immédiatement la question en indiquant une préférence pour l'un ou pour l'autre. Il nous sera plus facile de reconnaître la supériorité de telle ou telle pompe, en étudiant non pas la pompe seule, mais la pompe appliquée à un appareil de pulvérisation, et de donner notre avis sur la valeur de l'ensemble de l'appareil.

Appareils à pression directe sur le liquide. — Les appareils à pression directe sur le liquide sont ceux dont il a été fait usage en premier lieu, et ceux qui actuellement sont les plus répandus.

M. Broquet a disposé sur une civière un tonneau contenant 50 litres. Sur le tonneau est placée une pompe aspirante et foulante, amenant le liquide à deux pulvérisateurs en même temps, ou à un seul, suivant le nombre des rangs que l'on veut traiter. Cet appareil exige la présence de deux hommes : l'un pour actionner la pompe ; l'autre pour diriger le jet. La manœuvre est longue et fatigante. Nous n'insisterons pas sur la description de cette machine, qui ne peut être employée avantageusement pour le traitement de vignobles étendus. Nous ne citerons également que pour mémoire l'appareil de M. Beaume, qui, construit dans des con-

ditions identiques, n'a pas répondu aux besoins de la pratique. Le transport dans les vignes d'appareils de ce genre est
bien difficile, même dans les plantations à grand écartement, lorsque la végétation a pris un certain développement.
Dans les vignes échalassées, leur passage présenterait
moins de difficultés. Mais ces vignes sont généralement à
rangs serrés, et d'ailleurs la manœuvre exige au moins deux
hommes, ce qui augmente considérablement le prix de la
main-d'œuvre.

La Société « l'Avenir Viticole » construit encore aujourd'hui un appareil du même genre monté sur chariot
(Fig. 71). Le liquide est distribué par une pompe à quatre
ou six pulvérisateurs Riley. Mais cette multiplication des
jets ne compense pas les inconvénients nombreux inhérents
au système. D'ailleurs la manœuvre de quatre ou six tubes
en caoutchouc dans les vignes n'est pas une opération commode.

Fig. 71. — Pulvérisateur sur chariot de la Société « *L'Avenir Viticole.* »

Les mêmes ateliers construisent une pompe à main, semblable à celles dont se servent les jardiniers dans les serres,
à laquelle on peut adapter un *Riley*. Le liquide à projeter
est versé dans un seau, et on y plonge la pompe. Cet appa-

reil, indépendant du réservoir contenant le liquide, ne peut
convenir à un travail rapide. Le transport du seau et de la
pompe de station en station, le remplissage du seau sont
autant de manœuvres longues et pénibles.

Un peu plus pratique serait peut-être l'appareil représenté
par la figure 72, tout au moins pour la petite propriété. C'est
un barillet, de 7 à 8 litres, sur lequel est montée une pompe
aspirante et foulante. Le liquide est distribué à un *Riley*.

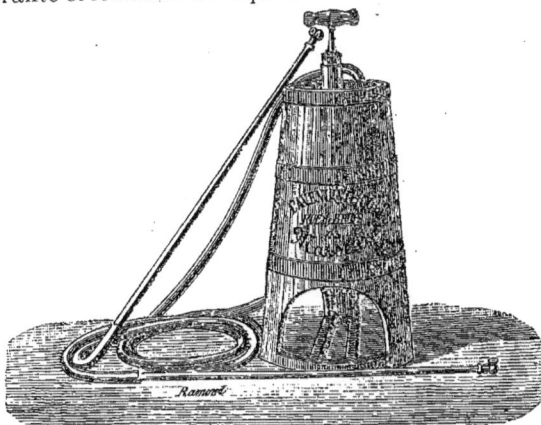

Fig. 72. — Barillet de la Société « *L'Avenir Viticole.* »

L'appareil est léger et facile à transporter à bras. D'une
main, l'ouvrier actionne la pompe; de l'autre, il dirige le jet.
Mais les appareils qu'il faut ainsi transporter de place en
place dans les vignes ont fait leur temps. Le prix de ce dernier appareil (30 francs) nous paraît d'ailleurs trop élevé
pour les services qu'il est susceptible de rendre.

On a songé à utiliser le transport des appareils dans les
vignes pour la mise en marche des pompes. LA BROUETTE
CROUZET se compose d'un réservoir à liquide monté sur une
brouette. Une pompe reçoit son mouvement de la roue por-
teuse, par l'intermédiaire d'une bielle et d'une manivelle.
Elle alimente deux pulvérisateurs pouvant traiter à la fois
les deux rangées de ceps entre lesquelles circule la brouette.
L'APPAREIL BOSC est à traction animale. Un réservoir, muni
d'un agitateur, est destiné à recevoir le liquide. Il est porté

par un chariot ; l'essieu de l'une des roues commande, par une chaîne Vaucanson , deux pompes aspirantes et foulantes, qui lancent le liquide sur deux rangées de ceps en même temps.

Tous ces appareils ont l'inconvénient d'exiger le déplacement de chariots, de brouettes, de tonneaux ou de barillets dans les vignes. L'opération est difficile, longue et coûteuse dans tous les cas, quel que soit l'écartement des plantations. Aussi leur a-t-on substitué d'une façon générale les pulvérisateurs à hotte, ou à réservoir portatif, qui sont les seuls dont on puisse faire usage, quel que soit l'état de la végétation et quel que soit le mode de conduite de la vigne.

Fig. 73. — Pulvérisateur Gaillot.

M. GAILLOT a commencé par construire, avant l'appareil à air comprimé dont il est question un peu plus loin, un pulvérisateur à pression directe sur le liquide (Fig. 73). Il se compose d'un récipient , pouvant contenir environ 12 litres de liquide, que l'ouvrier porte sur son dos, à l'aide de bretelles. Un tube en caoutchouc, avec robinet , s'adapte au fond du réservoir et conduit le liquide à une espèce de seringue-canne, que manœuvre l'ouvrier, comme l'indique la figure. Le liquide traverse, sous pression, un pulvérisateur, et s'échappe en brouillard très fin, qui enveloppe le cep. Dans cet appareil, le liquide se rend à la pompe par le fait de la différence de niveau existant entre le réservoir et la pompe. Il faut donc que la pompe soit maintenue au niveau du sol. Le liquide est par suite pulvérisé de bas en haut, et atteint la face inférieure des feuilles, et non la face supérieure, comme il convient. La manœuvre de la pompe au milieu de vignes à grand développement présente de sérieuses difficultés. Elle n'est réellement pratique que dans les vignes échalassées. Il n'était possible de pulvériser que des liquides clairs. Avec la bouillie bordelaise, il se serait produit de fré-

quents engorgements par suite du dépôt de la chaux au
fond du réservoir, en l'absence de tout agitateur. Cet appareil du prix de 40 francs était inférieur au nouveau pulvérisateur que construit actuellement M. Gaillot.

Sous le nom de *Projecteur agathois*, M. Roux a imaginé
un appareil composé d'une hotte-réservoir que l'ouvrier assujettit sur son dos par des bretelles. Le liquide descend par
un tube en caoutchouc à robinet dans une sorte de soufflet,
formé de deux hémisphères en caoutchouc réunies suivant
un grand cercle et fixées entre deux planches de soufflet.
Ces planches sont assemblées à charnière à l'une de leurs
extrémités et se terminent par deux poignées à l'extrémité
opposée. Quand on écarte les deux planches, il y a aspiration dans les hémisphères en caoutchouc, et compression
au contraire lorsqu'on les rapproche. Le liquide est refoulé,
pendant la période de compression, dans un tube terminé
par un *Riley*, et se répand en brouillard au devant de l'appareil. Un jeu de soupapes spécial assure la continuité et la
régularité du débit.

Ce pulvérisateur ne fonctionne pas mal avec les liquides
clairs. Avec la bouillie bordelaise, il s'engorge quelquefois,
et projette le liquide sous forme de grosses gouttes plutôt
qu'en fin nuage. La surface enveloppée par le liquide n'est
pas assez étendue. Le travail est lent et fatigue l'ouvrier.
La manœuvre du soufflet est incommode et assez pénible par
suite de la nécessité pour l'opérateur de soutenir l'appareil
en même temps que de le faire fonctionner. Toutes les
pièces sont assemblées à boulons et écrous, sans soudures.
On peut donc facilement démonter et changer celles qui
auraient subi quelque avarie. C'est un avantage incontestable de l'appareil. Complet il coûte 40 francs.

Un appareil fort répandu dans le Midi de la France, où
il a rendu de grands services dans la dernière campagne de
traitements, est le *Régénérateur viticole* de MM. Delord et
Guiraud. Ce pulvérisateur a, depuis son apparition, subi des
modifications nombreuses. Les dispositions de la pompe ont
varié plusieurs fois déjà. La description qui suit est celle du
dernier modèle construit par MM. Delord et Guiraud, c'est-à-dire de l'appareil qui, après études et essais, est considéré

par eux comme répondant le mieux aux exigences de la pratique.

Le liquide est contenu dans un réservoir-hotte R (Fig. 74), à section demi-circulaire, en cuivre rouge, d'une capacité de 14 litres. Ce récipient, haut de 40 centimètres, pèse vide 5 kilos. Il peut être fixé sur le dos de l'opérateur par deux bretelles en cuir B. Le remplissage se fait par la partie supérieure du réservoir, qui présente une ouverture de même section que la hotte, munie d'une grille et d'un couvercle A.

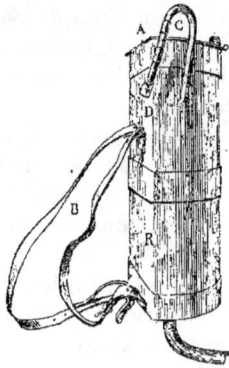

Fig. 74.-- Réservoir-hotte de l'appareil Delord et Guiraud.

L'appareil, ayant été construit en vue des traitements par la bouillie bordelaise, porte un agitateur, formé simplement d'un tube en cuivre, qui traverse obliquement la hotte de haut en bas et qui est percé à sa partie inférieure de deux petits trous; la partie supérieure sort de la hotte, se recourbe sur elle-même en C et se termine en D, par une tétine, destinée à recevoir un tuyau en caoutchouc. L'extrémité libre de ce tuyau est tenue par l'ouvrier entre ses dents. Pour remuer le liquide, il souffle de temps en temps dans ce tube.

L'air, en pénétrant dans le liquide par le fond du réservoir, tend à s'élever sous forme de bulles à la partie supérieure, et produit une agitation suffisante pour maintenir homogène la composition du mélange. L'agitateur ne fonctionne pas d'une manière continue. Sous le réservoir prend naissance le tube abducteur, qui doit conduire le liquide à la pompe.

Celle-ci, représentée par la figure 75, est une pompe-se-

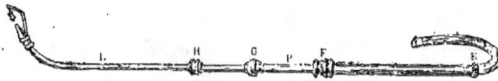

Fig. 75. — Pompe de l'appareil Delord et Guiraud.

ringue, à simple effet. Elle se compose d'un corps de pompe E F, en cuivre jaune, ayant 20 millim. de diamètre environ.

En E se trouve une soupape, formée d'une gobille en pierre.
Dans ce corps de pompe se meut un piston P, tube en cuivre,
creux, qui traverse pour pénétrer dans le corps de pompe
un presse-étoupe disposé en F. A l'extrémité G du piston est
ménagée une boîte contenant, en guise de clapet, une boule
en caoutchouc, pleine de sable pour en augmenter le poids.
Sur le piston se visse en II la lance L du pulvérisateur proprement dit.

MM. Delord et Guiraud ont construit deux pulvérisateurs.
Le premier, qui a été employé au début de la campagne
dernière, est une espèce de jet Raveneau. La lance du pulvérisateur, prolongée par un tube de 3 millim. de diamètre,
s'ouvre sous une capsule M. sorte de cuillère, fixée à la
lance par la vis V (Fig. 76). Lorsque le liquide, refoulé par

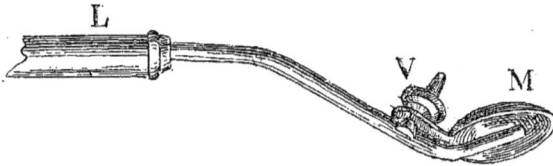

Fig. 76. — Ancien pulvérisateur Delord et Guiraud.

la pompe, arrive à l'intérieur de cette capsule, son jet se
brise contre les parois, et se répand au loin sous forme de
nappe en éventail, légèrement concave. La pulvérisation est
très bonne. Le liquide se divise en fines gouttelettes, formant
brouillard épais. La vis V permet de régler convenablement
la position de la capsule, suivant les effets qu'on veut obtenir, et l'étendue à donner à la nappe liquide.

Pour obtenir un nuage de poussières liquides qui enve-
loppât mieux les souches, à ce pulvérisateur MM. Delord et
Guiraud ont substitué le nouveau système représenté par la
figure 77. La lance L est terminée par un ajutage à orifice

Fig. 77. — Nouveau pulvérisateur Delord et Guiraud.

de petit diamètre. Près de cet orifice est soudé un gros fil de laiton, doublement courbé N, à l'extrémité duquel se visse un cône en métal S, dont le sommet est dirigé vers l'ajutage. Le liquide, en sortant de la lance sous pression, se brise avec force sur la surface latérale de ce cône et se répand en fines poussières sous forme d'une surface conique, dont le développement dépend de la distance existant entre le cône métallique S et l'extrémité de la lance. Plus le cône est rapproché, plus la nappe est étendue ; plus, au contraire, on éloigne le cône, et plus on resserre la nappe. On peut donc la mettre en rapport avec l'état de la végétation des vignes traitées. La pulvérisation obtenue avec ce brise-jet est des plus remarquables.

Pour faire usage de cet appareil, on remplit la hotte de 10 à 12 litres de liquide seulement, pour éviter tout déversement par la partie supérieure, que le couvercle ne clot qu'imparfaitement. Pendant cette opération, il faut avoir le soin de maintenir la pompe et sa lance verticalement, et élevées, pour que le liquide ne s'échappe pas au dehors par l'orifice du pulvérisateur, en l'absence de tout robinet d'arrêt. Le récipient étant chargé, l'opérateur saisit de la main gauche la pompe en E F, et, de la main droite, le piston en H G. Il agit alors sur le piston pour lui faire prendre un mouvement alternatif de va-et-vient. Lorsque le piston sort, la soupape E s'ouvre, la soupape G se ferme : il y a aspiration. Dans le mouvement contraire, la soupape E se ferme, la soupape G s'ouvre, et il y a refoulement du liquide dans la lance du pulvérisateur. La pompe étant à simple effet, la sortie du liquide est intermittente. Il faut donner un coup de piston au-dessus de chaque cep pour traiter convenablement.

Si on emploie le premier pulvérisateur (Fig. 76), il faut tourner la concavité de la capsule en dessous, pour atteindre la face supérieure des feuilles. La nappe obtenue n'embrassant pas d'elle-même toute la surface de chaque souche, à cause de sa forme en éventail, on doit s'exercer à donner le coup de piston en ramenant la lance à soi, de façon à promener la nappe liquide sur tout le feuillage et à atteindre toutes ses parties. Cette manœuvre exige une certaine habileté et un tour de main particulier, qu'on acquiert par la pratique. Il ne faut pas s'approcher trop de la souche à traiter, si l'on veut ne donner qu'un coup de piston par pied de vigne.

Avec le second pulvérisateur (Fig. 77), il est plus facile de bien opérer. La lance étant tournée, son orifice vers le bas, on donne un coup de piston au-dessus de chaque souche.

Cet appareil, surtout avec le dernier modèle de pulvérisateur, donne une excellente pulvérisation avec tous les liquides, ce qui suffit pour expliquer le succès qu'il a obtenu au début de l'emploi des instruments pulvérisateurs. Mais il présente de nombreux inconvénients. D'abord sa construction laisse beaucoup à désirer. La hotte largement ouverte par le haut laisse facilement passer le liquide, qui retombe sur l'ouvrier en le salissant. On ne peut y remédier qu'en remplissant incomplétement le réservoir. L'absence de tout robinet sur la tubulure inférieure rend les remplissages difficiles. Le tube abducteur, adapté au fond du récipient, empêche l'appareil d'être posé debout sur le sol sans que le tuyau de caoutchouc ne soit écrasé et bientôt crevé. L'agitateur est incommode et inefficace. Les secousses imprimées à la hotte pendant la marche donnent d'aussi bons résultats.

La pompe étant mal calibrée, il se produit de fréquents coïncages, que l'ouvrier ne peut vaincre qu'en donnant des effort violents, qui fatiguent les bras et usent l'appareil. Le piston pénètre dans le corps de pompe en traversant un joint à l'amianthe, difficile à entretenir étanche. Il laisse, au bout de peu de temps, suinter quelques gouttes de liquide, dont le nombre augmente peu à peu jusqu'à rendre la manœuvre de la pompe fort désagréable et très salissante. Le mouvement de seringue de la pompe est d'ailleurs incommode.

Enfin l'intermittence de la pulvérisation rend le traitement lent et pénible. Il faut donner un nombre de coups de piston égal à celui des souches, et il est nécessaire de s'arrêter à chaque coup de piston. En outre, dans les vignobles méridionaux, dont le feuillage couvre tout le sol, un seul coup de piston par souche est à peine suffisant. L'emploi de pulvérisateurs à action continue est de beaucoup préférable dans ce cas-là.

Le traitement d'un hectare exige 400 litres environ de liquide dans le Midi. Il en exigerait sans doute davantage dans les plantations à rangs plus serrés du Centre et de l'Est. Un homme armé de cet appareil peut traiter par jour un à deux hectares, suivant le développement de la vigne. L'appareil complet coûte 50 francs. Les premiers appareils fabriqués avec l'ancien jet pulvérisateur peuvent recevoir le nouveau pulvérisateur à cône. Il suffit de remplacer la lance L.

Un des meilleurs appareils à pression directe sur le liquide est sans contredit le PULVÉRISATEUR VERMOREL. Il se compose d'une hotte-réservoir, en cuivre rouge, pesant vide 4 kil. et pouvant contenir 15 litres de liquide. Cette hotte a environ 35 centimètres de hauteur. En section, elle présente une forme elliptique, et légèrement concave, de manière à s'appliquer plus exactement sur le dos de l'opérateur, où elle est retenue par deux bretelles en cuir. La partie supérieure est percée d'un orifice de remplissage, muni d'une grille et fermé par un couvercle. Près du fond, et à droite de l'opérateur, une tubulure à robinet est disposée pour la sortie du liquide. On peut y adapter un tuyau en caoutchouc, qui conduit le liquide à la pompe-seringue, qui forme la partie la plus intéressante de l'appareil. Pour l'épandage des liquides pâteux, la hotte est munie d'un agitateur, en tous points semblable à celui qui est appliqué à l'appareil Japy (Voir page 194). On peut le supprimer, lorsqu'il est fait usage de liquides clairs, comme l'eau céleste.

La pompe de l'appareil Vermorel (Fig. 78) comprend un corps de pompe cylindrique A, de 22 millim. de diamètre, dans lequel se meut un piston H. Ce piston en cuivre est muni d'une garniture en chanvre. Il est percé d'une ouverture, fermée par une soupape à boulet en caoutchouc, qui établit la communication entre la partie inférieure et la partie supérieure du corps de pompe. Le piston reçoit son mouvement d'une tige J, qui sort du corps de pompe en traversant un presse-étoupe K, et qui extérieurement est terminée par un manche. Le liquide, descendant de la hotte par le tube en caoutchouc, pénètre dans le corps de pompe par le tuyau C. Une soupape à boulet B empêche tout passage du liquide de la pompe vers la hotte. Dans le fond du corps de pompe est une ouverture de sortie, fermée par une soupape E, qui

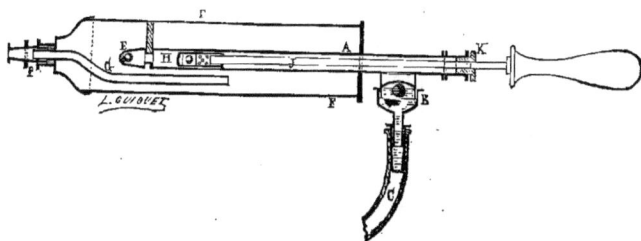

Fig. 78. — Coupe de la pompe Vermorel.

laisse échapper le liquide du corps de pompe dans le cylindre F, concentrique au corps de pompe, faisant fonction de chambre à air. Dans ce réservoir à air, un tube G conduit le liquide au pulvérisateur P.

Pour faire fonctionner l'appareil, l'ouvrier saisit la pompe de la main gauche (Fig. 80), le pulvérisateur en avant. De la main droite, il manœuvre la tige du piston. Au moment où il tire cette tige, le liquide qui remplit la partie supérieure du corps de pompe passe dans la partie inférieure en traversant le piston. La soupape H est ouverte; les soupapes B et E sont fermées. Dans le mouvement contraire, c'est-à-dire au moment où la tige est poussée, le liquide pénètre de la partie inférieure du corps de pompe dans la chambre à air. La soupape E est ouverte et la soupape H fermée. L'air, comprimé dans le récipient F, réagit sur le liquide et le chasse dans le tube G, en l'obligeant à traverser le pulvérisateur. Pendant ce temps, la soupape B s'ouvre, et une nouvelle quantité de liquide pénètre dans le corps de pompe.

Grâce au réservoir d'air F, la sortie du liquide est continue. Cependant la pulvérisation n'est pas tout à fait régulière. La division du liquide est plus parfaite, et l'étendue de la nappe est plus grande pendant la période de compression que pendant la période d'aspiration. Cela tient à la faible capacité de la chambre à air, dont le volume n'est pas assez grand pour agir par détente sur le liquide pendant toute la durée de l'aspiration. Mais, à la condition de donner un coup de piston au-dessus de chaque souche, on obtient une pulvérisation du liquide très satisfaisante, et le traitement est bien fait.

Le pulvérisateur Vermorel est un *Riley* heureusement modifié, et capable de servir à la division des liquides les plus épais. Il est représenté en élévation et en coupe par la figure 79. La boîte du pulvérisateur est percée, à sa partie

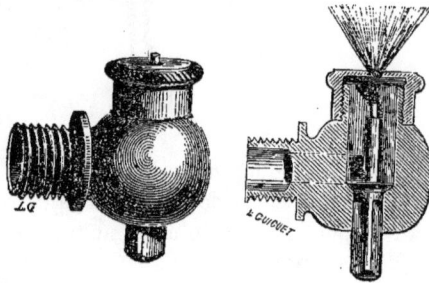

Fig. 79. — Pulvérisateur Vermorel.

inférieure, d'un orifice circulaire, de 5 à 6 millim. de diamètre, qui peut être fermé par une soupape à ailettes. Les bords de la soupape et son siège ont leurs parois inclinées. Les ailettes directrices de la soupape sont dirigées de façon à faire saillie au dehors de l'appareil. Au centre de la soupape est soudée une tige verticale qui occupe l'axe de la boîte et qui peut, lorsque la soupape est soulevée, se loger dans l'orifice dont est muni le bouchon de la boîte. De telle sorte que, lorsque la soupape est soulevée et l'orifice inférieur démasqué, l'orifice supérieur est fermé par la tige de la soupape, comme l'indique la partie gauche de la figure. Lorsque, au contraire, la soupape ferme l'orifice inférieur, l'orifice du bouchon est démasqué, et peut livrer passage au liquide, ainsi que le montre la coupe de l'appareil. Le liquide arrive dans la boîte tangentiellement à ses parois, et sort en forme de tulipe, comme dans les *Riley* ordinaires, par l'orifice du bouchon, qui a environ 2 millim. de diamètre.

Le fonctionnement de ce pulvérisateur est des plus simples : lorsque le liquide arrive sous pression dans la boîte du pulvérisateur, il applique sur son siège la soupape de l'orifice inférieur, ferme cet orifice, et sort en poussière par l'ouverture du bouchon. L'appareil vient-il à s'engorger par suite d'un dépôt de chaux contre les parois de la boîte ou dans

Fig. 80. — Ouvrier armé de l'appareil Vermorel.

l'ouverture de sortie, l'ouvrier n'a qu'à soulever avec son doigt la soupape. La tige pénètre dans l'orifice du bouchon et en chasse les particules de chaux qui l'obstruaient. En même temps, par la large ouverture inférieure, le liquide s'échappe en entraînant les dépôts qui auraient pu se former dans la boîte. Aussitôt que le doigt est retiré, la pression du liquide ramène la soupape sur son siège, en produisant une espèce de coup de bélier qui achève de dégorger l'orifice du bouchon.

Ce pulvérisateur, fort ingénieux, présente toutefois un petit inconvénient: celui de salir l'ouvrier qui en fait usage, au moment où il fait fonctionner le dégorgeoir. On remarquera en effet que le dégorgement se fait à l'arrière, c'est-à-dire vers l'opérateur. La pression du liquide a pour effet de chasser celui-ci avec force et de le projeter sur les vêtements de l'ouvrier.

La figure 80 représente un ouvrier armé de l'appareil Vermorel. Cet appareil, bien construit, produit un bon travail de pulvérisation, et cela avec tous les liquides. Il fonctionne cependant mieux avec les liquides clairs qu'avec la bouillie bordelaise ou le lait de chaux. Lorsque le liquide baisse dans le réservoir, qu'il n'en reste plus que 2 à 3 litres, le pulvérisateur ne fonctionne plus aussi bien. Il *crache*, par suite du mélange au liquide d'une certaine quantité d'air qui s'engage dans la tubulure de sortie. Cet inconvénient n'est du reste pas grave. Il suffit à ce moment là de remplir à nouveau la hotte. L'appareil convient mieux au traitement des vignes échalassées, à faible développement, du Beaujolais, de la Bourgogne, de la Champagne, qu'au traitement des vignes à grande végétation des départements méridionaux. Cela tient à la forme de la tulipe produite par le pulvérisateur, et à la quasi-intermittence de la pulvérisation. Dans les vignes où les ceps sont parfaitement distincts et convenablement espacés les uns des autres, on donne un coup de piston au-dessus de chaque pied de vigne, et le traitement est bien fait. Dans les vignobles où la vigne couvre toute l'étendue du sol, il faut à chaque cep donner plusieurs coups de piston pour atteindre toutes les feuilles, et la manœuvre devient pénible. Il est plus commode d'employer, dans ce cas, les appareils à jet continu.

L'inconvénient de cet appareil est d'ailleurs d'être fatigant pour les ouvriers, par suite de la forme *seringue* de la pompe. On remarquera en effet que l'ouvrier doit de la main gauche soutenir la pompe en même temps qu'il dirige le jet. Cette main gauche sert, d'autre part, de point d'appui pour le fonctionnement de la pompe, tant pendant la période de compression que pendant celle d'aspiration. Enfin les mouvements du bras droit qui produisent le déplacement de la main droite d'arrière en avant et d'avant en arrière sont plus fatigants que ceux qui ont pour effet de produire un déplacement vertical de bas en haut et de haut en bas.

Malgré cette critique, nous n'hésitons pas à considérer l'appareil Vermorel comme un auxiliaire précieux des traitements contre le Mildiou. Son prix est de 35 francs avec hotte sans agitateur ; de 45 francs avec agitateur. Toutes les pièces de la pompe et du pulvérisateur sont assemblées à vis et par suite faciles à visiter, en cas d'obstruction. On peut facilement traiter un hectare en pleine végétation par journée de 10 heures, avec 400 litres de liquide.

D'ans l'APPAREIL VIGOUROUX, un réservoir-hotte, en cuivre jaune, à section elliptique, est destiné à recevoir le liquide. Ce récipient, de 32 centimètres de hauteur, a une contenance de 12 litres. Il est fixé sur une planche, qui se prolonge au-dessous de la hotte, et qui sert à appliquer exactement l'appareil sur le dos de l'opérateur. Il y est maintenu par deux bretelles et une ceinture. Le réservoir, ouvert par le haut, est muni d'une grille pour le tamisage du liquide, et fermé par un couvercle.

Sous le réservoir, du côté droit, se trouve le corps de

pompe, en communication directe avec l'intérieur du récipient. La figure 81, qui donne une coupe longitudinale de l'appareil, le montre nettement. Dans ce corps de pompe se meut un piston, système Letestu, c'est-à-dire un cône métallique, creux, percé de trous à sa surface et garni intérieurement d'une plaque de caoutchouc qui est appliquée contre la paroi du piston. Ce piston est actionné par une tige, qui traverse le récipient dans toute sa longueur, qui passe par une échancrure ménagée dans le couvercle, et qui, après s'être courbée sur elle-même, vient s'attacher à un levier de manœuvre, dont le point d'appui est fixé sous le réservoir.

En traversant le réservoir, cette tige met en marche un agitateur, composé de trois plaques en tôle perforée, montées sur un arbre horizontal. Par suite du mouvement d'élévation et d'abaissement de la tige, l'agitateur est déplacé d'avant en arrière et d'arrière en avant ; le liquide est vivement remué et parfaitement mélangé. Ce mouvement transversal de l'agitateur a nécessité la construction d'un réservoir assez grand, dans lequel le poids du liquide agit à l'extrémité d'un bras de levier long, et fatigue l'ouvrier.

A la partie inférieure du corps de pompe est adapté un tuyau qui s'ouvre au fond d'une

Fig. 81. — Coupe de l'appareil Vigouroux.

boîte à air, placée sous la hotte du côté gauche. Une soupape à boulet empêche tout passage d'air ou de liquide de la boîte dans le corps de pompe. Au fond de la même boîte à air prend naissance le tube abducteur, qui relie la hotte au pulvérisateur.

Le pulvérisateur est formé par un jet genre Raveneau, à palette concave, représenté par la figure 70, qui est vissé à

3

l'extrémité d'une lance en cuivre, de 65 centimètres de long, à robinet.

L'appareil étant chargé et le robinet fermé, l'opérateur donne de la main droite quelques coups de piston pour comprimer l'air dans la boîte. Lorsque la résistance qu'il éprouve indique une compression suffisante, il ouvre de la main gauche le robinet : le liquide se précipite avec force contre le brise-jet du pulvérisateur, et se répand en fines gouttelettes. Grâce à la boîte à air, le débit est continu. L'ouvrier agit sur le levier de la pompe à intervalles réguliers, sans précipitation. Il avance entre les rangées de vignes sans s'arrêter, à la vitesse de 3,5 à 4 kilomètres à l'heure environ. Il ne peut traiter complétement qu'un rang de souches à la fois. Il existe pourtant des jets dont la palette produit une dispersion latérale assez grande pour atteindre tous les points du feuillage de deux rangées de céps. Il est nécessaire, dans ce cas, que l'ouvrier marche un peu plus lentement.

On peut tenir la lance de deux façons différentes : la concavité de la palette du pulvérisateur dirigée vers le sol ou en sens contraire. Dans le premier cas, le liquide se disperse moins, et les feuilles atteintes par le liquide sont plus mouillées et mieux traitées. Dans le second cas, le liquide est projeté plus loin à droite et à gauche ; l'appareil *mène plus large*, mais les gouttelettes liquides sont plus espacées. Le traitement est cependant bien fait et suffisant.

L'appareil Vigouroux donne d'excellents résultats, quel que soit le liquide employé. Il est simple, solide et peu sujet aux dérangements. La garniture du piston en caoutchouc constitue un perfectionnement précieux. Elle a l'avantage de ne pas durcir, comme les garnitures en cuir, et résiste admirablement au contact des solutions cupriques. Un orifice, fermé par un bouchon à vis, permet de visiter l'intérieur de la boîte à air, en cas d'obstruction ou d'accident survenu au clapet. La mise en marche de la pompe est commode et peu fatigante. La tige du piston entrant dans le corps de pompe par l'intérieur et le haut du réservoir, il n'y a pas de presse-étoupe, et il ne peut pas se produire de fuites.

Le seul inconvénient de l'appareil, c'est son grand poids

(8 kilos, à vide), et la large ouverture du haut de la hotte.
Les secousses de la marche donnent lieu à des projections
de liquide, qui salissent l'ouvrier et peuvent même produire
des brûlures fort désagréables.

Les figures 82 et 83 montrent l'appareil en travail. On
peut traiter 2 à 3 hectares par jour, en ne pulvérisant qu'un
rang à chaque voyage, suivant le développement de la vigne
et le mode de plantation. Il faut compter sur une dépense de
liquide de 400 litres à l'hectare, en pleine végétation. L'appareil coûte 55 francs.

Fig. 82. — Appareil Vigouroux, vu de dos.   Fig. 83. — Appareil Vigouroux, vu de côté.

Appareils à pression d'air. — Les appareils à pression
d'air tendent à se substituer de plus en plus aux appareils
munis de pompes à liquide. Ils présentent de nombreux avantages, dont on se rendra parfaitement compte en étudiant le
mécanisme et le fonctionnement des instruments qui sui-
vent, avantages assez sérieux pour faire passer sur les inconvénients inhérents aux pompes à air. Dans nombre de
ces appareils, la compression de l'air est du reste obtenue
autrement que par l'emploi de pompes. Mais ce ne sont pas,
à notre avis, les dispositions les plus heureuses, et nous leur
préférons les pulvérisateurs à pression d'air, avec pompes,
toutes les fois que celles-ci seront construites avec tout le
soin qu'exigent ces machines délicates.

On a d'abord naturellement songé à utiliser les soufflets pour produire la compression de l'air.

Un Italien, LE COMTE RICCARDO ZORZI, a imaginé un appareil, dont la partie la plus importante, le pulvérisateur, se compose d'un soufflet à deux vents S, représenté par la figure 84.

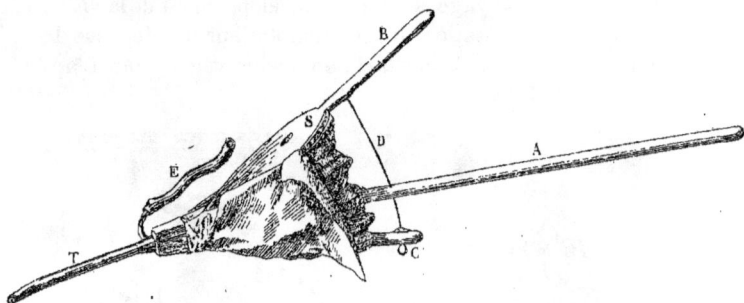

Fig. 84. — Soufflet de l'appareil Zorzi.

Il est, en réalité, formé de deux soufflets ordinaires accolés l'un à l'autre, de manière à donner une pression d'air continue. Tandis que l'un fonctionne pour s'emplir d'air, l'autre opère la compression de l'air qu'il contient ; l'un travaille à l'aspiration, pendant que l'autre travaille au refoulement. Ils sont munis d'un long manche central A, fixé à la planche commune des deux soufflets. Les deux poignées extrêmes B et C sont réunies par un fort fil de fer D, qui les rend solidaires l'une de l'autre. De telle sorte que les deux planches de l'un des soufflets se rapprochent, lorsque celles du second soufflet s'éloignent. La tuyère T est formée de deux tubes concentriques. Le tube central reçoit le liquide à pulvériser par le tuyau en caoutchouc E, qui y est adapté. L'air sort des soufflets par le passage annulaire formé par l'emboîtement l'un dans l'autre des deux tubes de la tuyère.

La provision de liquide est contenue dans un réservoir-hotte, que l'opérateur fixe sur ses épaules par deux bretelles. Une tubulure à robinet reçoit l'extrémité libre du tuyau E. A la partie supérieure de la hotte un orifice, garni d'une toile métallique, sert au remplissage.

Le réservoir étant chargé, et la communication établie

entre le réservoir et le soufflet, l'ouvrier place le manche **A** sous son bras gauche, et, de la main droite, il actionne la poignée B du soufflet pour la rapprocher et l'éloigner du manche **A**. Le robinet du tube abducteur étant convenablement ouvert, le liquide, par simple différence de niveau, arrive à l'orifice de sortie de la tuyère, où il rencontre le courant d'air produit par la manœuvre du soufflet. Le mélange de l'air au liquide produit une division de ce dernier, qui se répand sur les feuilles en petites gouttelettes.

Cet appareil ne se recommande que par sa simplicité très grande et son extrême bon marché (11 francs). Il donne une division du liquide insuffisante et ne pulvérise pas, à proprement parler. La dépense de liquide est considérable, le traitement irrégulièrement appliqué. La manœuvre du soufflet est incommode et fatigante. L'opérateur dirige difficilement le jet sur les points qu'il veut atteindre. Le réservoir-hotte manque de stabilité, par suite de la nécessité de le surélever pour faciliter le passage du liquide dans la tuyère du soufflet. On peut craindre que les cuirs du soufflet ne soient bientôt hors d'usage, car à chaque coup de soufflet, à l'aspiration, une certaine quantité de liquide tend à pénétrer dans l'intérieur du soufflet.

L'extrémité de la tuyère est légèrement courbe, et l'orifice de sortie dirigé de bas en haut. Cette disposition, adoptée à l'époque où l'on pensait que le traitement devait être appliqué à la face inférieure des feuilles, est actuellement fort incommode. Pour projeter le liquide de haut en bas, il serait nécessaire de changer le sens de la courbure. En attendant, il faut manœuvrer le soufflet à l'envers, en plaçant le manche A sous le bras droit et en saisissant la poignée B de la main gauche.

M. Japy a songé à produire la pulvérisation des liquides anticryptogamiques par la rencontre sous un angle de 90° d'un jet de liquide et d'un courant d'air chassé par un soufflet.

L'appareil Skawinski, construit sur le même principe, a rendu dans le Bordelais des services assez nombreux pour qu'il fixe un instant l'attention. Le liquide à répandre est contenu dans un grand réservoir en bois, doublé intérieure-

ment de fer-blanc, sorte de boîte, de forme parallélipipédi-
que, supportée par quatre pieds, et pouvant être attachée
sur le dos d'un ouvrier par deux bretelles en cuir. Cette
hotte pèse, vide, 8 kilos et peut recevoir 14 litres de liquide.
A la partie supérieure est ménagé un orifice de remplissage.
Au fond est adaptée une tubulure en cuivre à robinet, qui
peut être réunie au pulvérisateur par un tuyau en caoutchouc.

Le pulvérisateur est formé d'un soufflet à double effet S
(Fig. 85), que l'ouvrier manœuvre à l'aide de deux poignées
A et B. Des brides en caoutchouc C, clouées de chaque côté

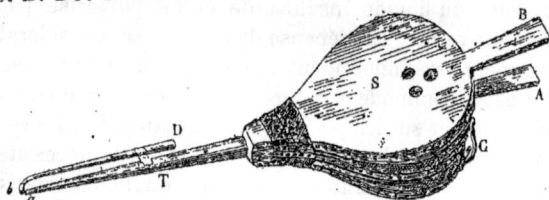

Fig. 85 — Soufflet-pulvérisateur Skawinski.

du soufflet, font fonction de ressorts pour rapprocher des deux
autres la planche inférieure, et assurer un débit continu d'air,
sous pression, dans la tuyère T. Cette tuyère est conique, et
se termine par un orifice de petit diamètre a. Le tuyau en
caoutchouc amenant le liquide du réservoir se place sur
le tube métallique D ; ce tube conique se recourbe à angle
droit près de son extrémité libre, et vient déboucher en b,
au devant de l'orifice a.

L'opérateur, étant armé de la hotte et du soufflet, ouvre le
robinet régulateur du débit et met en marche le soufflet.
Le liquide descend du réservoir et sort en b, avec une vitesse
due à la différence de niveau du réservoir et du soufflet. Il
rencontre, à sa sortie, le courant d'air, lancé dans la tuyère
T par le soufflet. L'air produit sur le liquide un effet analo-
gue à celui du vent sur les jets d'eau des promenades publi-
ques. Il divise le jet en un grand nombre de petites gouttelettes, assez fines pour donner un véritable nuage de
poussières liquides.

Pour que la pulvérisation soit bonne, il faut que le courant d'air soit assez violent. On obtient autrement une

division du liquide imparfaite. La nappe produite est peu étendue, et par suite le traitement est assez lent. La dépense de liquide est considérable, et pour les liquides pâteux, la composition n'est pas homogène pendant toute la durée de l'opération. Ce défaut, que cet appareil partage avec l'appareil Zorzi, est dû à l'absence de tout agitateur : la chaux se dépose au fond du réservoir. La manœuvre du soufflet est fatigante et incommode. Le succès de ce soufflet nous semble simplement dû à son bas prix.

Le traitement des vignes exigeant le déplacement de l'ouvrier entre les rangs de ceps, M. MEYER s'est demandé s'il ne serait pas possible d'utiliser ce déplacement pour produire la pression d'air nécessaire à la pulvérisation. Et, dans ce but, il a imaginé un appareil dans lequel la pression est obtenue à l'aide de deux soufflets fixés à la semelle des chaussures de l'ouvrier. L'opérateur porte sur son dos une hotte-réservoir, d'une contenance de 12 litres ; et il chausse à chacun de ses pieds une *pédale auto-motrice*, faisant l'office de soufflet. A chaque pas il lance dans le réservoir, par un tube en caoutchouc, une certaine quantité d'air qui y produit une pression sur le liquide. La tubulure qui amène l'air plonge et s'ouvre dans le fond du récipient et remonte ensuite au-dessus en traversant tout le liquide. Il en résulte un barbottage qui assure le mélange des liquides épais, tels que la bouillie bordelaise, et empêche les dépôts de se former.

Au réservoir s'adaptent deux tubulures. L'une, inférieure, conduit le liquide sous pression au pulvérisateur ; l'autre, supérieure, amène de l'air, également sous pression, dans le pulvérisateur. Celui-ci est un ajutage ordinaire, à orifice de faible diamètre, dans lequel s'opère le mélange du liquide et de l'air, et où la division du liquide est simplement obtenue par le passage de ce mélange à travers l'orifice de sortie. L'opérateur dirige le jet de la main droite. En fixant le pulvérisateur à l'extrémité d'une perche, on peut atteindre les parties élevées des vignes cultivées en treilles.

Cet appareil ingénieux n'est malheureusement pas pratique. D'abord la pression n'est pas suffisante, et la pulvérisation n'est ni assez fine, ni assez étendue. En second lieu, on s'imagine difficilement un ouvrier armé de cet appareil au milieu de vignes développées. Si les vignes sont conduites sur échalas, il aura bien de la peine à empêcher que les tubes en caoutchouc qui relient les soufflets au réservoir ne s'accrochent aux branches. Dans les vignobles méridionaux la manœuvre est manifestement impossible. Que deviendraient en outre ces soufflets dans les terrains pierreux, dans les sols sableux, ou bien dans les terres collantes détrempées par une pluie récente? Enfin cet appareil est délicat, et d'un prix trop élevé (75 francs) pour les services qu'il est susceptible de rendre.

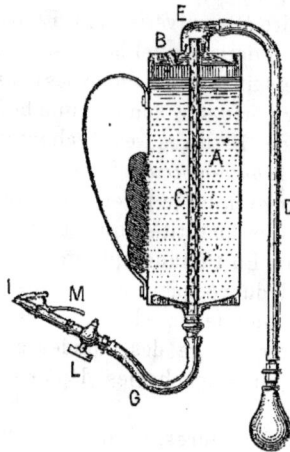

Fig. 86. — Coupe du projecteur Lamouroux.

Sous le nom de *projecteur*, MM. Lamouroux et Thirion ont fait breveter un appareil qui consiste (Fig. 86) en une hotte-réservoir en cuivre A, de forme cylindrique, pouvant contenir 14 à 15 litres de liquide, pesant vide 4 kilos, que l'opérateur fixe sur son dos par deux bretelles. Un coussin placé le long du réservoir protège l'ouvrier. Ce réservoir est muni, à sa partie supérieure, d'un orifice de remplissage de 3 à 4 centimètres de diamètre, fermé par un simple bouchon en liège B. Dans l'axe du réservoir est disposé un tube en cuivre C, fermé à sa partie inférieure, mais percé sur toute sa longueur de petits trous. A sa partie supérieure s'adapte un tuyau en caoutchouc D, par l'intermédiaire du coude E. L'extrémité libre de ce tuyau porte une poire en caoutchouc qui sert à comprimer de l'air. La poire en caoutchouc est enveloppée d'un sac en toile, qui assure sa conservation en la mettant à l'abri des rayons du soleil. Au fond du récipient prend naissance un tube en caoutchouc G, qui conduit le liquide de la hotte au pulvérisateur.

Le pulvérisateur se compose d'une espèce de bec de clari-

nette I, formé de deux lames taillées en biseau qui se rapprochent assez l'une de l'autre pour ne laisser entre elles qu'une
simple fente, à travers laquelle le liquide peut passer en
nappe mince. La lame supérieure est mobile par rapport à
l'autre et peut glisser sur elle lorsqu'on agit sur le levier
coudé M. Dans ce cas on éloigne les deux lames et on agran-
dit l'orifice de sortie. On a donc un pulvérisateur à dégorgeoir, dans lequel le liquide vient se briser et se diviser au
contact de la lame mobile. Un robinet L règle le débit du
liquide.

L'opérateur, ayant la hotte sur le dos (Fig. 87), saisit
d'une main la poire en caoutchouc, de l'autre le pulvérisateur, dont le robinet doit être fermé. Il comprime plusieurs
fois la poire et détermine ainsi une pression d'air dans le
réservoir. Lorsqu'on juge que cette pression est suffisante,

Fig. 87. — Ouvrier armé du projecteur Lamouroux et Thirion

on ouvre le robinet L, et le liquide sort plus ou moins fine-
ment pulvérisé par le bec I. Il suffit d'entretenir la pression
dans le réservoir, en agissant de temps en temps sur la poire
en caoutchouc, pour obtenir une projection régulière de
liquide. L'air, entrant dans le récipient par les trous du
tube C, produit sans cesse une agitation au sein du liquide,

et conserve aux mélanges pâteux une composition homogène. On peut se servir indifféremment des deux mains
pour diriger le jet et pour donner la pression. Le pulvérisateur vient-il à s'engorger, on n'a qu'à agir sur la clef M pour
chasser immédiatement les particules de chaux, cause de
l'obstruction. Un ressort ramène la lame mobile à sa position normale.

Cet appareil présente le grave inconvénient de mal pulvériser les liquides, quels qu'ils soient. Il produit un travail de
division et non de *pulvérisation*. Les liquides sont projetés
en gouttelettes plus ou moins épaisses, et non en poussières.
L'épandage est grossier et manque de finesse. En outre, la
manœuvre est fatigante pour la main qui agit sur la poire
en caoutchouc. Surtout lorsqu'on veut donner une pression
un peu forte, nécessaire pour obtenir une division du liquide
acceptable, la résistance augmente considérablement dans
la hotte, et la compression de la poire devient une opération
des plus pénibles. Le volume d'air lancé dans le réservoir à
chaque pressée étant peu considérable, il faut agir presque
constamment pour maintenir l'appareil en pression.

D'autre part, l'appareil n'est pas d'une construction irré-
prochable. La forme cylindrique de la hotte n'est pas favo-
rable à sa fixation sur le dos de l'ouvrier Elle manque de
stabilité. L'orifice de remplissage est trop étroit et exige
l'emploi d'un arrosoir, semblable à celui de la figure 87, ou
bien d'un entonnoir. La fermeture, par un bouchon ordinaire, laisse beaucoup à désirer pour un appareil à pression
d'air. Le tube abducteur est adapté à la base inférieure du
réservoir : on ne peut donc pas le poser à terre sans aplatir
le tube, qui est bientôt hors d'usage. D'ailleurs l'appareil ne
peut tenir debout. Enfin son prix (55 francs) nous semble
exagéré et nous fait craindre que l'emploi de ce projecteur
ne se généralise pas.

Un des meilleurs appareils à pression d'air est le *Rénova-
teur* de M. ALBRAND. Il se compose (Fig. 88) d'une hotte-
réservoir A, de forme cylindrique, ayant 20 centimètres de
diamètre et 36 cent. de hauteur, et pouvant contenir 12
litres environ de liquide. Cette hotte est en cuivre rouge
poli. Elle est percée à sa partie supérieure d'un orifice de

remplissage F, fermé par un bouchon à vis, avec rondelle en caoutchouc pour assurer l'étanchéité du joint. Des ailes I sont soudées au réservoir pour que celui-ci s'applique mieux sur le dos de l'opérateur, où il est maintenu par deux bretelles en cuir qui se croisent sur la poitrine.

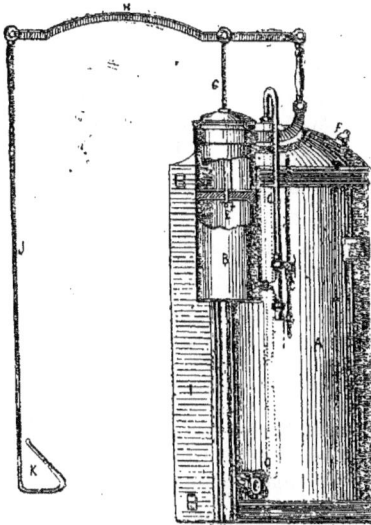

Fig. 88. — Appareil Albrand.

Sur le côté gauche du cylindre est fixé le corps de la pompe à air B, qui a 6 centim. de diamètre. Dans ce corps de pompe se meut un piston E, formé, au début, par un cuir embouti, maintenu entre deux rondelles en cuivre fixées à la tige G du piston. Récemment, M. Albrand a remplacé cette garniture en cuir par une garniture en caoutchouc, moins sujette au desséchement. La tige G traverse une ouverture ménagée dans le couvercle du corps de pompe, qui lui sert de guide, et vient s'attacher à un balancier articulé, par l'intermédiaire d'une chape, à la partie supérieure de la pompe. A l'extrémité du balancier est attachée une tringle J, terminée par une poignée K, que l'opérateur peut saisir de la main gauche.

Au fond du corps de pompe est adaptée une tubulure qui

le réunit à une boîte à clapets C, qui communique elle-même avec l'intérieur du récipient par le tube en cuivre D. Ce tube pénètre dans le réservoir par la partie supérieure et descend jusqu'au fond, où il s'ouvre par quelques petits trous. Les deux clapets de l'aspiration et du refoulement étaient à l'origine des soupapes à ailettes. Ce sont aujourd'hui des boules en caoutchouc, de beaucoup préférables aux autres.

Près de la base du réservoir est soudée, latéralement du côté droit, une tubulure à robinet qui réunit, par l'intermédiaire d'un tuyau en caoutchouc, le récipient au pulvérisateur. Celui-ci est composé d'une lance en cuivre, à robinet, terminée par une espèce de jet Raveneau à dégorgeoir, qui constitue une des dispositions les plus heureuses de l'appareil. Les figures 89 et 90 le représentent : la première, fermé prêt à

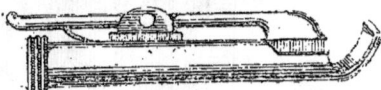

Fig. 89. — Pulvérisateur Albrand fermé

fonctionner ; la seconde, ouvert pour le dégorgement (en coupe). C'est un tube de un centimètre de diamètre intérieur, qui se rétrécit graduellement jusqu'à présenter un orifice de sortie de un à deux millim. seulement. Au devant de cet orifice est disposée une palette brise-jet, creusée en forme de

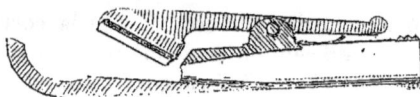

Fig. 90. — Pulvérisateur Albrand ouvert (en coupe).

cuillère. L'orifice de sortie est en deux parties : l'une inférieure, fixe ; l'autre supérieure, mobile. C'est une sorte de clef de clarinette, maintenue en place par un ressort qui agit à l'arrière, sous la queue de la clef. En travail, les deux parties de l'orifice sont juxtaposées, et le liquide ne peut se livrer passage qu'à travers une ouverture de 1 millimètre de diamètre. Vient-il à se produire un engorgement, avec le doigt, on soulève la partie mobile, qui démasque alors un passage à grande section, que le liquide traverse facilement, en entraînant les corps étrangers qui obstruaient l'orifice. Pour

assurer le contact parfait des deux parties de l'orifice, la
pièce mobile porte à sa partie inférieure une petite lamelle
de caoutchouc.

Pour se servir de l'appareil Albrand, on verse dans le réservoir environ 10 litres de liquide, à l'aide d'un entonnoir
à grille, en fer-blanc. Puis on visse le bouchon ; on charge
le récipient comme un sac de soldat, et on est prêt à fonctionner. Par quelques coups de piston on comprime l'air dans
le réservoir. L'air, en remontant à travers le liquide, agite
la masse et maintient en suspension la chaux des mélanges
pâteux. Lorsque l'on juge la pression suffisante, on ouvre
les robinets, et le liquide se précipite dans le pulvérisateur,
d'où il sort en nuage de fines poussières. La pression se
donne de la main gauche, par l'intermédiaire d'un méca-

Fig. 91. — Appareil Albrand en travail.

nisme qui rappelle celui des soufflets de forge. Le jet est dirigé de la main droite. Les appareils Albrand peuvent être
disposés avec la pompe du côté droit, et le jet à gauche, ainsi
que le montre la figure 91.

Le mouvement de la pompe est commode et nullement fatigant. Il suffit d'ailleurs d'agir sur le piston par intermittence, pour maintenir dans le réservoir une pression suffisante. Quelques praticiens préfèrent cependant les appareils où la pompe est disposée avec le levier en dessous, à hauteur de la hanche, comme celui de M. Vigouroux, par exemple. Aussi M. Albrand a-t-il songé un instant à apporter cette modification à ses appareils, en conservant d'ailleurs les détails de la pompe, qui est excellente. Mais de nouveaux essais l'ont déterminé à garder, sans y rien changer, son mécanisme actuel. La garniture du piston en caoutchouc présente de sérieux avantages sur les garnitures en cuir. Après un long temps d'arrêt, il arrive parfois que le caoutchouc se colle à la paroi intérieure du corps de pompe. Mais un petit effort suffit pour le décoller. On lubréfie les surfaces frottantes avec un peu d'huile de graissage, que l'on passe avec une barbe de plume, après avoir dévissé le couvercle du corps de pompe. Les clapets à boule fonctionnent très bien, et la pression se maintient, sans perte sensible, dans le réservoir. Le réservoir vide pèse 6 kilos.

Le jet Albrand donne une bonne pulvérisation, étendue et également fine partout. On peut diriger le jet de haut en bas, comme l'indique la figure 91, ou bien redresser la lance, de manière à ce que le liquide lancé en l'air retombe en pluie fine sur les feuilles. On traite une plus grande largeur dans ce second cas. Le dégorgeoir fonctionne parfaitement; les obstructions sont d'ailleurs rares.

Tout l'appareil est très bien construit, et solidement fabriqué. Il coûte 60 francs. Grâce à la bonne pulvérisation produite, la dépense de liquide pourrait être considérablement réduite. Mais il nous semble qu'il est préférable de ne pas aller trop rapidement et de faire un traitement complet, dont les effets seront plus certains et plus durables. Il faut compter sur un débit de 400 litres à l'hectare. Le bas prix des matières premières employées rend négligeable la dépense du traitement afférente au liquide employé.

Dans les vignobles méridionaux on peut traiter par jour environ 2 hectares de vignes, le liquide n'étant projeté que sur une rangée de ceps à chaque voyage. Dans les plantations du Centre et de l'Est la surface traitée serait sans doute moins considérable.

L'appareil Albrand est sans contredit un des pulvérisateurs les mieux conçus et les plus soigneusement fabriqués.

L'APPAREIL GAILLOT, à pression d'air, ressemble, en beaucoup de points, à l'appareil précédent. Il se compose encore (Fig. 92) d'une hotte-réservoir A, à section elliptique, en cuivre rouge, d'une capacité de 12 litres, qui se fixe sur le dos de l'opérateur par deux bretelles B, en cuir. Un coussin rend le port de l'appareil moins pénible. Deux courroies, dont l'une CG entoure la ceinture de l'ouvrier, et l'autre passe sur la poitrine, donnent à la hotte une grande stabilité et évitent les déplacements de l'appareil, si fatigants pour celui qui en est armé. A la partie supérieure est percé un orifice de remplissage B', de 4 centimètres de diamètre, que ferme un bouchon métallique à vis. Une rondelle de cuir

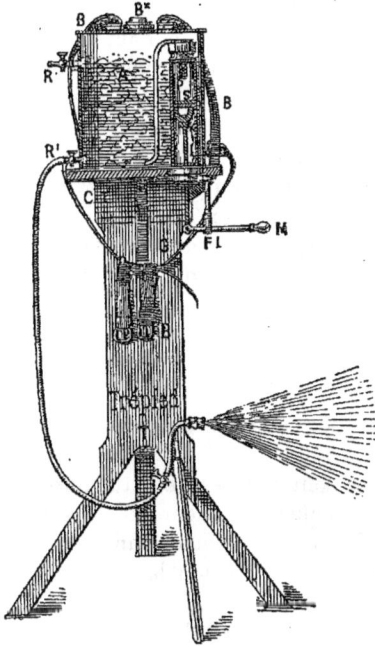

Fig. 92. — Coupe de l'appareil Gaillot, placé sur son trépied.

assure l'étanchéité du joint. Pour remplir la hotte, on se sert d'un entonnoir en cuivre, muni d'une grille, qui s'adapte exactement sur l'ouverture B'.

Dans l'intérieur et sur la gauche du récipient se trouve le corps de la pompe à air S, dans lequel se meut un piston K. L'ensemble est en cuivre ; la garniture du piston est formée d'un cuir embouti. Le corps de pompe est fermé en bas par un couvercle à vis et à douille, laissant passer et guidant la tige du piston I. Dans le haut est l'orifice de passage de l'air du corps de pompe dans le récipient. A cet orifice P s'adapte un tube recourbé qui amène l'air au bas du récipient. L'air, en gagnant la partie supérieure de la hotte, traverse ainsi le liquide de bas en haut en produisant de gros bouillonnements qui empêchent le dépôt des substances en suspension dans le liquide. Le piston S est percé d'une ouverture faisant communiquer les deux parties inférieure et supérieure du corps de pompe. Cette ouverture et celle du haut du corps de pompe P sont munies de soupapes métalliques, maintenues constamment sur leur siège par de petits ressorts à boudin.

La tige du piston est actionnée par le levier L, terminé par une poignée M, et mobile autour du point F, extrémité d'une chape, attachée, d'autre part, au fond du récipient. Les deux bras du levier ont respectivement 9 et 33 centim. de longueur. Le levier est courbé de façon à contourner la cuisse droite de l'opérateur, et à pouvoir fonctionner sans le gêner dans ses mouvements. La course du piston est pratiquement de 10 cent. au maximum. Le diamètre du corps de pompe étant de 5 centim., on introduit, à chaque coup de piston, dans la hotte, un volume d'air de 200 centim. cubes environ.

Sur la droite du réservoir sont soudées deux tubulures à robinet R et R'. L'une, la tubulure supérieure R, sert simplement à fixer le niveau de charge du liquide dans la hotte. L'autre, la tubulure inférieure R', conduit le liquide sous pression jusqu'au pulvérisateur.

Un tuyau en caoutchouc réunit cette tubulure à la tétine de l'ajutage du pulvérisateur. M. Gaillot livre avec son appareil deux pulvérisateurs, dont on peut faire usage indifféremment : l'un est un jet Raveneau ; l'autre un *Riley* légèrement modifié. Ces deux pulvérisateurs sont munis d'orifices d'assez grand diamètre pour laisser facilement passer les liquides pâteux. Il est cependant fâcheux qu'ils n'aient pas de dégorgeoirs. L'expérience prouve qu'en dépit du tamisage de la bouillie bordelaise, et malgré toutes les précautions prises, il se produit fréquemment des dépôts de chaux dans les pulvérisateurs. Dans ce cas-là, il faut démonter les

ajutages et les nettoyer. Le *Riley* Gaillot donne une nappe
conique ou une tulipe peu étendue, qui convient bien au traitement des vignes du Centre, de l'Est et du Nord de la France,
à faible développement, mais qui serait insuffisamment ouverte pour les vignes méridionales à grand développement.
Ce pulvérisateur est surtout d'un emploi commode pour les
vignes conduites sur échalas. Pour les vignobles du Midi, ou
pour les vignes sur fil de fer de la Bourgogne et du Beaujolais, le jet Raveneau, donnant une nappe en éventail, doit
être préféré.

On pourrait reprocher aux deux pulvérisateurs de M. Gaillot de ne pas donner un nuage liquide assez fin. La division
du liquide et sa diffusion sont à peine suffisantes. Ce défaut
nous semble dû aux dimensions des orifices de sortie, dont
le diamètre convenable pour le passage des liquides épais
est trop grand pour produire une bonne pulvérisation.

Pour faire usage de l'appareil Gaillot, on le place sur un
chevalet à chaise T, porté par trois pieds, dont l'un est articulé à charnière et peut s'appliquer contre les deux autres
pour le transport. Ce chevalet, en bois blanc, léger et solide
en même temps, facilement portatif, est une heureuse inno-
vation, qui permet à un homme seul de procéder commo-
dément à l'opération du remplissage de la hotte.

Le récipient étant rempli aux quatre cinquièmes environ,
jusqu'au niveau du robinet R, on bouche l'ouverture supérieure et on ferme le robinet R. L'ouvrier charge alors l'appareil sur son dos, boucle les courroies et se trouve ainsi prêt
à fonctionner. Par quelques coups de piston (une vingtaine
au maximum) il comprime l'air dans le réservoir; il peut
alors ouvrir le robinet R', par où le liquide s'échappera pour
se rendre au pulvérisateur. Pour maintenir la pression dans
la hotte, il suffit de donner quelques coups de piston toutes
les 3 ou 4 minutes. L'air, agissant par détente, produit une
pulvérisation continue.

Pour diriger le jet avec plus de facilité, l'opérateur peut
fixer les ajutages à l'extrémité d'un manche en bois, long
de 45 centim., qui lui permet d'atteindre toutes les parties
vertes des ceps. La pompe est mise en mouvement par la
main gauche qui agit de bas en haut, à hauteur de la han-

che. La manœuvre est facile et nullement fatigante. Elle est d'ailleurs intermittente. La main droite tient le manche du pulvérisateur. La main gauche, libre la majeure partie du temps, peut servir à écarter les branches qui gêneraient soit la marche de l'opérateur, soit le passage du pulvérisateur.

Il faut avoir le soin de graisser 3 ou 4 fois par jour le cuir du piston avec un peu d'huile. On prévient ainsi sa dessiccation et on diminue le frottement. Si, après un repos plus ou moins long de l'appareil, ce cuir venait à se dessécher et laisser passer l'air entre ses parois et celles du corps de pompe, il faudrait démonter le piston, tremper le cuir pendant un quart d'heure environ dans l'eau tiède pour l'amollir, le sécher et le graisser avant de le mettre en place.

Une clef de démontage, très commode, permet de faire cette petite opération en quelques instants. Il faut savoir gré à M. Gaillot de munir ses appareils d'une semblable clef, qui manque à beaucoup d'instruments.

On peut, avec l'appareil Gaillot, traiter facilement 2/3 d'hectare par jour, quelquefois même un hectare dans les conditions les plus favorables. Complet, ce pulvérisateur, d'une construction très soignée, est vendu 65 francs.

M. NOEL a également inventé un appareil à pression d'air, dans lequel la compression est obtenue à l'aide d'une pompe tout à fait différente de celles que nous avons examinées jusqu'à présent. Frappé des inconvénients que présente le fonctionnement des pompes à air ordinaires et de la difficulté que l'on éprouve à munir les pistons d'une garniture parfaitement étanche et facile à entretenir en bon état, M. Noël a imaginé, pour tourner la difficulté, de supprimer complétement le piston.

Après plusieurs transformations et des modifications nombreuses, dans le détail desquelles il nous paraît inutile d'entrer, M. Noël a adopté définitivement le modèle d'appareil, dont la figure 93 donne une coupe longitudinale. C'est une hotte-réservoir, en cuivre, cylindrique, de 12 litres de capacité, garnie de bretelles, s'appliquant exactement sur le dos de l'opérateur, grâce à une paroi plane soudée sur le corps cylindrique. A la partie supérieure, un orifice de remplis-

sage est fermé par un bouchon à vis, muni d'oreilles pour
faciliter le serrage sans clef, et garni d'une rondelle en
caoutchouc pour assurer une fermeture hermétique du réservoir. A la partie inférieure est disposé l'appareil de compression.

C'est une plaque circulaire en caoutchouc, de 12 à 14
centim. de diamètre, qui est maintenue contre le fond de la
hotte par un anneau métallique, relié à la hotte par des vis.

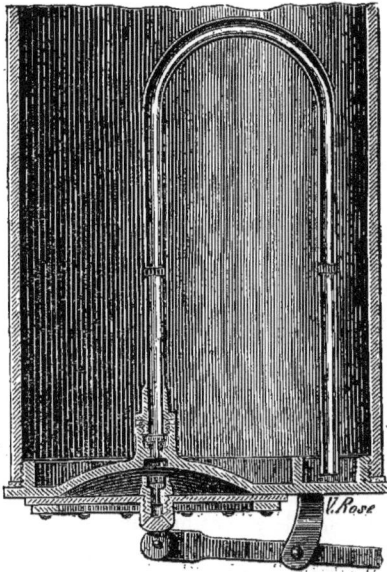

Fig. 93. — Coupe longitudinale de l'appareil Noël.

A l'endroit où se fixe cette plaque, le fond du réservoir est
refoulé intérieurement en forme de calotte sphérique, laissant
ainsi entre la plaque et lui un segment sphérique. Au centre
de la plaque est fixée l'extrémité d'un levier de manœuvre
par boulon et écrou. Ces pièces sont creuses et font communiquer le segment sphérique avec l'extérieur. Une soupape
métallique, s'ouvrant de bas en haut, ferme cette ouverture.
La partie supérieure de la calotte sphérique reçoit un tuyau
en cuivre qui, après s'être élevé dans l'intérieur du récipient,

se recourbe pour venir s'ouvrir à la partie inférieure de celui-ci, sous une toile métallique, formant double fond au
réservoir. Une soupape s'ouvrant de bas en haut ferme l'en-
trée de ce tuyau. On conçoit que si l'on vient à agir sur le
levier pour abaisser la plaque en caoutchouc élastique, la
capacité formée par la plaque et le fond du réservoir va
augmenter de volume ; il y aura aspiration du dehors au
dedans, et une certaine quantité d'air entrera. Dans le mouvement contraire du levier, la plaque en caoutchouc, en re-
venant à sa première position, produira une compression,
dont l'effet sera la pénétration de l'air dans l'intérieur du
réservoir. C'est une espèce de soufflet.

L'air, amené par le tuyau au bas du réservoir, se divise
en petites bulles pour traverser la toile métallique sous
laquelle s'ouvre le tube, et remonte à la partie supérieure en
produisant une agitation du liquide, qui conserve ainsi une
composition homogène.

Sous ce même double fond prend naissance le tube abducteur qui conduit le liquide au pulvérisateur proprement dit.
Un tuyau en caoutchouc de 90 cent. de longueur établit la
communication.

Le levier de manœuvre est placé du côté gauche de l'appareil. Il a une courbure convenable pour contourner la
hanche de l'opérateur. Les deux bras de ce levier ont 6,5 et
33,5 centim. de longueur. La course de l'extrémité du petit
bras n'est que de 2 centim. environ.

Le pulvérisateur se compose d'une lance en cuivre, longue
de 80 centim., à robinet, terminée par un *Riley* perfectionné,
qui est sans contredit la partie la plus intéressante de l'appareil. Ce pulvérisateur, inventé par M. Noël, est à dégorgeoir et donne d'excellents résultats avec les liquides les
plus épais. Il est représenté en élévation par la figure 94 ;
en coupes longitudinale et horizontale par les figures 95 et 96.

C'est une boîte de *Riley*, fermée par un bouchon à orifice
de grand diamètre. Cet orifice peut être fermé à son tour par
un second bouchon mobile, percé en son centre d'un trou de
petit diamètre, évasé en dehors, et légèrement concave à sa
partie inférieure. Ce second bouchon a dans le sens vertical
un jeu de quelques millimètres. Est-il soulevé, il vient s'ap-

pliquer contre les parois de l'ouverture du premier bouchon,
et le liquide contenu dans la boîte ne peut sortir que par la
petite ouverture, semblable à celle d'un *Riley* ordinaire.

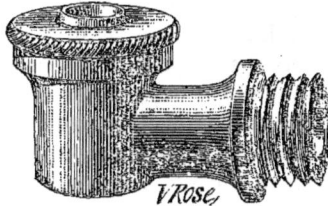

Fig. 94. — Pulvérisateur Noël.

Est-il au contraire abaissé, il laisse alors ouvert un espace
annulaire, au travers duquel le liquide se livre facilement
passage.

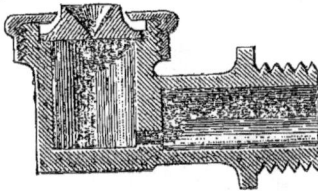

Fig. 95. — Coupe longitudinale du
pulvérisateur.

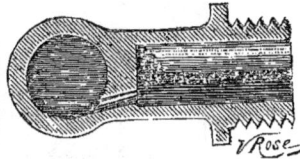

Fig. 96. — Coupe en plan.

Lorsque le liquide arrive sous pression dans la boîte de ce
pulvérisateur, il y prend un mouvement giratoire, soulève
le bouchon mobile et sort par l'orifice de ce bouchon. Ce
trou de petit diamètre vient-il à s'engorger, l'opérateur n'a
qu'à presser avec le doigt sur le bouchon mobile pour
l'abaisser. Le liquide s'élance alors par le pourtour du bouchon, en entraînant tous les dépôts qui avaient pu se former
dans la boîte. Lorsqu'on retire le doigt, le bouchon mobile
revient à sa première position, en produisant un petit coup
de bélier qui achève de dégorger l'orifice central dont il est
percé.

Ce pulvérisateur donne une belle pulvérisation. Peut-être
le cône liquide est-il un peu trop ouvert, ce qui fait qu'au
centre de la base de ce cône il n'arrive pas de poussières
liquides. Mais la division du liquide est parfaite. Ce qui est
surtout remarquable, c'est que cet appareil donne d'aussi

bons résultats avec la bouillie bordelaise qu'avec les liquides
clairs, tels que l'eau céleste. Il pulvérise presque également
bien avec les pompes à air et avec les pompes à action directe sur le liquide. La manœuvre du dégorgeoir est simple
et n'a pas les inconvénients que nous avons signalés pour le
pulvérisateur Vermorel.

L'appareil étant plein de liquide et fixé sur le dos de l'opérateur, qui peut être une femme (Fig. 97), celui-ci agit sur
le levier du soufflet pour comprimer l'air du récipient, de la

Fig. 97. — Appareil Noël en travail.

main gauche. De la droite, il ouvre le robinet du pulvérisateur, lorsque la pression est suffisante, et dirige le jet sur les
ceps à traiter. Il convient de renverser le pulvérisateur pour

atteindre la partie supérieure des feuilles dans les vignobles méridionaux. Cet appareil a l'avantage de n'être pas muni d'une pompe à air à piston, et par suite il échappe aux inconvénients inhérents à l'emploi de ces pompes. Il n'est besoin de s'occuper ni du graissage d'un piston, ni de l'entretien de ses garnitures. L'appareil est simple, et la plaque en caoutchouc, seule pièce délicate, peut être remplacée avec la plus grande facilité. Le pulvérisateur est très commode et produit une bonne division des liquides clairs ou épais.

En revanche, la manœuvre du soufflet est assez pénible, non pas qu'il soit nécessaire d'exercer un grand effort sur l'extrémité du levier, mais parce qu'il faut agir constamment sur lui pour entretenir dans le réservoir une pression suffisante. Cela tient à ce que le volume d'air introduit dans la hotte à chaque coup de soufflet est très petit, et que par conséquent, il est nécessaire de chasser de l'air dans la hotte à intervalles très rapprochés pour conserver à la couche d'air du réservoir une compression convenable. En fait, il faut manœuvrer le levier sans interruption et même avec une certaine précipitation. De plus, les soupapes métalliques employées par M. Noël ne s'appliquent pas sur leur siége avec une exactitude rigoureuse. Il y a déperdition d'air. Enfin, la courbure du levier de commande du soufflet n'est pas assez prononcée. Il porte sur la hanche et contre la cuisse de l'ouvrier, et gêne ses mouvements, en même temps que la manœuvre de ce levier est rendue plus fatigante.

Un défaut que cet appareil présente avec celui de M. Gaillot, c'est d'avoir le levier du soufflet ou de la pompe du côté gauche. Les ouvriers préfèrent en général actionner les appareils de compression du bras droit, qui est capable d'un effort plus grand que le bras gauche, et diriger le jet du pulvérisateur de la main gauche. Mais cet inconvénient n'a qu'une faible importance, les constructeurs pouvant déplacer facilement ces leviers, et les fixer du côté droit, le jour où ils auront reconnu la nécessité de ce changement.

L'appareil de M. Noël coûte 60 fr. Il peut traiter environ 2/3 d'hectare par jour.

Pour éviter la manœuvre des soufflets et des pompes,

toujours fatigante pour les ouvriers chargés des traitements, quelques constructeurs ont cherché à produire la compression de l'air dans les réservoirs autrement que par les bras de l'opérateur armé de l'appareil.

M. Roussɛᴛ a imaginé un appareil composé de deux réservoirs cylindriques réunis, à leur partie inférieure, par une tubulure à robinet. L'un de ces réservoirs est destiné à recevoir le liquide à pulvériser. A sa partie supérieure s'adapte un tube abducteur, qui plonge jusqu'au fond du récipient, et qui conduit le liquide au pulvérisateur, du genre Raveneau. Dans le second réservoir, on comprime de l'air, avec une pompe à air à grand travail, indépendante du réservoir, qui est placée sur une des rives de la vigne à traiter. La pression de l'air peut atteindre plusieurs atmosphères. L'appareil étant chargé (l'un des récipients plein de liquide, l'autre avec de l'air sous pression), l'opérateur le place sur son dos en guise de hotte. Il suffit alors d'établir la communication entre les deux cylindres pour obtenir la pulvérisation du liquide : l'air comprimé, entrant dans le réservoir à liquide par la partie inférieure, barbotte à travers le liquide pour gagner la partie supérieure, et assure ainsi au mélange une composition homogène.

Pendant qu'un ouvrier, armé d'un semblable appareil, traite la vigne jusqu'à épuisement du liquide dans le réservoir, un second ouvrier charge un autre appareil. Revenu au point de départ, le premier ouvrier se débarrasse de l'appareil vide pour en prendre un autre en charge, et le travail continue sans interruption. L'opérateur n'a plus à s'occuper de la pression. Son travail consiste uniquement à parcourir les rangées de ceps et à diriger convenablement le jet.

M. Rousset a eu l'heureuse idée de disposer ses réservoirs pour être portés par des chevaux ou par des mulets. On les place sur les animaux en guise de bât. Le travail se fait plus rapidement, et sans fatigue aucune pour l'homme. Les réservoirs peuvent dans ce cas être de grandes dimensions et fonctionner pendant un temps plus long sans arrêt. Ils peuvent alimenter plusieurs pulvérisateurs simultanément. Ces appareils seraient susceptibles de rendre de réels services pour le traitement des vignobles méridionaux très étendus, dans lesquels la plantation est faite à des écartements de 2 mètres au moins. Dans les vignes à rangs plus serrés, le passage d'animaux à travers les ceps présenterait quelque difficulté.

Les reproches qu'on peut adresser à ces appareils, c'est leur prix élevé, lequel est dû moins à la construction des réservoirs, qu'à la nécessité de l'achat d'une pompe à air à grand travail ; et l'irrégularité dans la pulvérisation, due à l'inégalité de pression au début et à la fin de l'opération. L'entretien et la mise en marche de cette pompe exigent en outre des ouvriers soigneux et attentifs. Pour ces motifs, il est peu probable que l'emploi de ces appareils se généralise beaucoup, malgré les avantages sérieux qu'ils présentent.

M. Févrot construit un appareil dans lequel la pression sur le liquide est obtenue à l'aide d'un dégagement d'acide carbonique produit en vase clos. Cet appareil représenté, avec brisure, par la figure 98, se compose d'un réservoir cylindrique en tôle ou en cuivre R, de 0ᵐ50 de hauteur, d'une capacité de 25 litres environ, destiné à recevoir le liquide à pulvériser. Le liquide y est introduit par l'orifice A, l'appareil étant renversé, à l'aide d'un entonnoir à grille, vendu avec l'appareil. Cette ouverture est

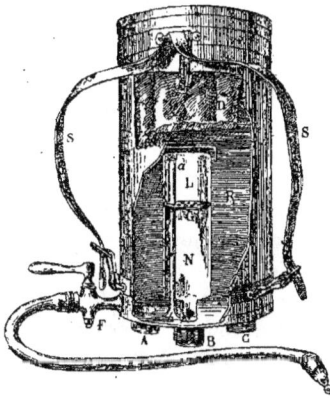

Fig. 98 — Appareil Févrot.

fermée par un bouchon à vis, que l'on serre avec une clef, et qui, l'appareil étant debout, fait l'office de pied. Deux bretelles S S et un coussin de dos D permettent à l'opérateur de porter ce réservoir en guise de hotte.

A l'intérieur, se trouve disposé un récipient cylindrique en plomb, divisé en deux compartiments N et L par la grille G. Le compartiment N communique avec l'extérieur par une ouverture B, munie d'un bouchon à vis, servant également de pied à l'appareil. Le compartiment L communique avec

le réservoir R par un tube en plomb *a b*, de 3 millimètres de
diamètre, s'ouvrant en *b* dans le grand réservoir par un
large pavillon. Ce récipient recevra les produits chimiques
devant produire, par leur combinaison, un dégagement
d'acide carbonique.

Près du fond est adaptée une tubulure à robinet F, con-
duisant le liquide au pulvérisateur proprement dit P. Un
troisième pied C sert à placer l'appareil debout sur le sol.

L'appareil étant retourné sens dessus dessous, par l'orifice A on introduit dans le réservoir R le liquide à répandre
sur la vigne. Par l'ouverture B on verse 75 à 80 centilitres
d'acide chlorhydrique étendu. L'acide traverse la grille G et
se recueille dans la partie L du récipient en plomb. Lorsque l'acide a complétement passé au dessous de la grille, on
met dans le compartiment N du marbre concassé en frag-
ments de un à deux centimètres de côté. Puis on visse les
deux bouchons A et B, et on redresse l'appareil dans la position qu'il occupe sur la figure.

A ce moment, l'acide traverse la grille G en sens contraire, arrive au contact du marbre, et il se produit immédiatement un dégagement d'acide carbonique, qui s'échappe
par le tube *a b*. Le gaz, en sortant du pavillon *b*, tend à gagner la partie supérieure du réservoir R. Il barbotte à travers
le liquide cuprique, en l'agitant, et se comprime au haut du
réservoir, en exerçant une pression sur le liquide. Si alors
on vient à ouvrir le robinet F, le liquide sort avec force du
réservoir et traverse l'ajutage P en se pulvérisant. Il faut
avoir soin de ne redresser l'appareil qu'au moment de com-
mencer le traitement.

Le pulvérisateur adapté à la tubulure de sortie est un *Riley*. L'appareil peut servir à l'arrosage. Dans ce cas, on
remplace le pulvérisateur par une lance ordinaire, semblable
à celle qui est représentée par la figure.

Cet appareil présente l'avantage de fonctionner automa-
tiquement, sans que l'opérateur ait à s'occuper de produire
la pression nécessaire à la division du liquide. Il lui suffit de
diriger le jet sur les souches à traiter. Mais plusieurs inconvénients nous font craindre que cet instrument ne soit pas
d'un emploi commode et qu'il ne donne pas dans la pratique
les bons résultats sur lesquels on compte.

D'abord l'appareil est lourd. Il pèse vide 14 kilos, et en charge, près de 40 kilos. Sa forme cylindrique l'empêche d'être stable. Fixé sur le dos de l'opérateur, il y prend facilement un mouvement d'oscillation, fatigant pour celui qui en est armé. En second lieu, la manipulation de l'acide chlorhydrique, même étendu d'eau, n'est pas sans présenter des dangers, si l'on songe que les appareils de ce genre sont souvent confiés à des ouvriers inexpérimentés et imprudents. D'autre part, la pression est loin d'être constante en intensité. Le liquide, projeté avec force au début de l'opération, sort de l'appareil mal pulvérisé à la fin. Le *Riley* employé donne une pulvérisation souvent insuffisante, et dans tous les cas l'absence de dégorgeoir l'expose à de fréquentes obstructions, lorsqu'il est fait usage de bouillie bordelaise ou de lait de chaux.

Enfin, il peut se produire parfois un accident assez grave, dans les circonstances que nous allons indiquer. Quand on remplit l'appareil à dégagement d'acide carbonique, et que l'on vient de verser l'acide chlorhydrique, cet acide met quelquefois un temps assez long à traverser la grille G, et il en reste de petites quantités dans le compartiment N. Si on met à ce moment le marbre dans ce même compartiment, le dégagement gazeux se produit aussitôt. Et, avant que l'on ait serré le bouchon de fermeture et retourné la hotte, la pression peut devenir assez forte pour déterminer le passage de l'acide chlorhydrique par le tube *a b* dans le réservoir R, où il se mêle avec le liquide à pulvériser. On projette alors sur les feuilles de la vigne une solution acide, qui brûle tout ce qu'elle touche et détruit la vigne en même temps que le Mildiou. Pour prévenir semblable accident, il faut maintenir la grille G toujours parfaitement propre, la débarrasser après chaque opération des débris de marbre qui peuvent être restés non attaqués. Il faut attendre, avant d'introduire le calcaire, le complet passage de l'acide chlorhydrique au-dessous de la grille, et retourner l'appareil le plus rapidement possible. Il faut s'abstenir, en cours de travail, et pendant un arrêt ou un repos, de renverser l'appareil dans la position du remplissage.

Mais obtiendra-t-on toujours des ouvriers de la campagne

l'exécution minutieuse de ces recommandations? Il est à craindre que non ; même, en admettant que ces instructions soient suivies, il peut encore se faire que, par suite de l'effervescence qui accompagne le dégagement gazeux à son origine, il y ait introduction d'acide chlorhydrique dans le réservoir à liquide. Et alors se produiront les accidents qui viennent d'être indiqués.

En résumé, il existe deux catégories d'instruments propres à répandre les liquides dans le traitement du Mildiou. Les appareils de la première agissent par aspersion et ne sont recommandables que pour l'épandage du lait de chaux. Dans la seconde figurent les appareils à pulvérisation, pour l'application de la bouillie bordelaise, de l'eau céleste, etc. Parmi ceux-ci se placent au premier rang les instruments dans lesquels la pulvérisation est obtenue par un ajutage genre Riley ou genre Raveneau, dans lesquels la pression est donnée par une pompe à liquide ou une pompe à air, et qui ont une hotte comme réservoir à liquide. Tous les organes en contact direct avec les solutions cupriques doivent être en cuivre ; les garnitures, en cuir ou en caoutchouc. Un agitateur est indispensable pour le mélange des liquides pâteux, et les pulvérisateurs à dégorgeoir s'imposent toutes les fois qu'on se proposera d'employer la bouillie bordelaise.

L'opération du traitement ne doit pas être faite trop rapidement. Une vitesse de marche de 3 à 4 kilomètres à l'heure et une dépense de liquide de 200 à 400 litres par hectare, suivant les époques de végétation de la vigne, nous paraissent de bonnes moyennes.

L'examen détaillé du mécanisme des appareils les plus répandus, l'étude de leur fonctionnement, et la discussion des avantages et des inconvénients de chacun d'eux ont nettement indiqué ceux qui sont appelés à jouer un rôle prépondérant dans les prochaines campagnes de traitements. »

www.ingramcontent.com/pod-product-compliance
Lightning Source LLC
Chambersburg PA
CBHW032308210326
41520CB00047B/2282